沙尘天气年鉴

2014年

中国气象局　编

SAND-DUST WEATHER ALMANAC 2014

气象出版社
China Meteorological Press

图书在版编目(CIP)数据

沙尘天气年鉴. 2014 / 中国气象局编. --北京：气象出版社，2017.6
ISBN 978-7-5029-6549-5

Ⅰ.①沙… Ⅱ.①中… Ⅲ.①沙尘暴－中国－2014－年鉴 Ⅳ.①P425.5-54

中国版本图书馆CIP数据核字(2017)第100724号

气象出版社 出版
(北京市海淀区中关村南大街46号 邮编：100081)
总编室：010-68407112 发行部：010-68409198
网址：http://www.qxcbs.com E-mail:qxcbs@cma.gov.cn
责任编辑：陈 红 终审：邵俊年
装帧设计：博雅思企划 责任校对：石 仁
*
北京建宏印刷有限公司
气象出版社 发行
*
开本：787×1092 1/16 印张：4 字数：100千字
2017年6月第1版 2017年6月第1次印刷
定价：35.00元

《沙尘天气年鉴》（2014 年）编写人员

主　　　　编：魏　丽

副　主　编：安林昌　张恒德

编　写　人　员：

国家气象中心：张亚妮　李　明　吕终亮　谢　超

尤　媛　林玉成　赵彦哲

国家气候中心：杨明珠　钟海玲　艾婉秀

国家卫星气象中心：李　云　刘清华

前 言

沙尘天气是风将地面尘土、沙粒卷入空中，使空气混浊的一种天气现象的统称，是影响我国北方地区的主要灾害性天气之一。强沙尘天气的发生往往给当地人民的生命财产造成巨大损失。

近年来，随着社会、经济的发展，沙尘天气给国民经济、生态环境和社会活动等诸多方面造成的灾害性影响越来越受到社会各界和国际上的关注。我国对沙尘天气也越来越重视，监测手段的逐渐增多以及沙尘天气研究工作取得的进展，使沙尘天气的预报水平不断地提高，为防御和减轻沙尘天气造成的损失做出了重要贡献。

为了适应沙尘天气科学研究的需要，也为各级气象台站气象业务技术人员提供更充分的沙尘天气信息，更好地掌握沙尘天气活动规律，提高预报准确率，国家气象中心组织整编了《沙尘天气年鉴》(2014 年)。年鉴中有关资料承蒙全国各有关省、自治区、直辖市气象局的大力协作和支持，使编写工作得以顺利完成。

《沙尘天气年鉴》(2014 年) 的内容包括对 2014 年沙尘天气过程概况的描述和沙尘天气产生的气象条件的分析，全年和逐月沙尘天气时空分布及主要沙尘天气过程相关图表等。

FOREWORD

Sand-dust weather is the phenomenon that wind blows dust and sand from ground into the air and makes it turbid. It's one of the main disastrous weather phenomena influencing northern areas of our country. Great casualties of people's lives and properties occur in these areas because of severe sand-dust weather.

In recent years, with the development of society and economy, the disastrous influence of sand-dust weather on national economy, ecology and social life has become a hot issue in China, even in the world. With more and more attention to sand-dust weather and gradual increment of monitoring ways, the sand-dust weather research has been made and forecast level for this kind of weather has been improved, which contributes a lot to loss mitigation and sand-dust weather prevention.

In order to meet the requirements of sandstorm research, provide more sufficient sand-dust weather information for weather forecasters, National Meteorological Center compiled this "Sand-dust Weather Almanac 2014". The volume of almanac not only assists us by obtaining further knowledge on the behavior of sandstorm and improving forecast accuracy but provides better service for prevention of sandstorm as well. Thanks for the contribution of sand-dust data from relevant meteorological sections. We own the success of this compilation to the great support of all the meteorological observatories and stations country-wide.

"Sand-dust Weather Almanac 2014" covers the annual general situation and meteorological background of sand-dust weather, annual and monthly temporal and spatial distribution charts of different types of sand-dust weather, as well as some charts and tables of main sand-dust weather cases in 2014.

说　明

一、沙尘天气及沙尘天气过程的定义

本年鉴有关沙尘天气及沙尘天气过程的定义执行国家标准 GB/T 20480－2006《沙尘暴天气等级》。

沙尘天气分为浮尘、扬沙、沙尘暴、强沙尘暴和特强沙尘暴五类。

1. 浮尘：当天气条件为无风或平均风速≤3.0 m/s 时，尘沙浮游在空中，使水平能见度小于 10 km 的天气现象。
2. 扬沙：风将地面尘沙吹起，使空气相当混浊，水平能见度在 1～10 km 以内的天气现象。
3. 沙尘暴：强风将地面尘沙吹起，使空气很混浊，水平能见度小于 1 km 的天气现象。
4. 强沙尘暴：大风将地面尘沙吹起，使空气非常混浊，水平能见度小于 500 m 的天气现象。
5. 特强沙尘暴：狂风将地面尘沙吹起，使空气特别混浊，水平能见度小于 50 m 的天气现象。

沙尘天气过程分为五类：浮尘天气过程、扬沙天气过程、沙尘暴天气过程、强沙尘暴天气过程和特强沙尘暴天气过程。

1. 浮尘天气过程：在同一次天气过程中，相邻 5 个或 5 个以上国家基本（准）站在同一观测时次出现了浮尘的沙尘天气。
2. 扬沙天气过程：在同一次天气过程中，相邻 5 个或 5 个以上国家基本（准）站在同一观测时次出现了扬沙或更强的沙尘天气。
3. 沙尘暴天气过程：在同一次天气过程中，相邻 3 个或 3 个以上国家基本（准）站在同一观测时次出现了沙尘暴或更强的沙尘天气。
4. 强沙尘暴天气过程：在同一次天气过程中，相邻 3 个或 3 个以上国家基本（准）站在同一观测时次成片出现了强沙尘暴或特强沙尘暴天气。
5. 特强沙尘暴天气过程：在同一次天气过程中，相邻 3 个或 3 个以上国家基本（准）站在同一观测时次出现了特强沙尘暴的沙尘天气。

为了同往年《沙尘天气年鉴》统一，依照中国气象局《沙尘天气预警业务服务暂行规定（修订)》(气发［2003］12 号)，本年鉴只统计和分析浮尘、扬沙、沙尘暴和强沙尘暴四类以及浮尘天气过程、扬沙天气过程、沙尘暴天气过程和强沙尘暴天气过程四类。

二、资料与统计方法

2014 年沙尘天气日数和站数、沙尘天气过程和强度等是逐日 8 个时次（时界：北京时 00 时）地面观测资料的统计结果。

具体统计方法如下：

1. 对测站沙尘日、扬沙日、沙尘暴日、强沙尘暴日的规定：

（1）某测站一日8个时次只要有一个时次出现沙尘天气，则该站记有一个沙尘日；
（2）某测站一日8个时次只要有一个时次出现了扬沙、沙尘暴或强沙尘暴，记有一个扬沙日；
（3）某测站一日8个时次只要有一个时次出现沙尘暴或强沙尘暴，记有一个沙尘暴日；
（4）某测站一日8个时次只要有一个时次出现强沙尘暴，记有一个强沙尘暴日。

2. 对某一天沙尘天气、扬沙、沙尘暴、强沙尘暴站数的规定：
（1）某一天出现沙尘天气站数的总和为该日的沙尘天气站数；
（2）某一天出现扬沙、沙尘暴及强沙尘暴站数的总和为该日的扬沙站数；
（3）某一天出现沙尘暴及强沙尘暴站数的总和为该日的沙尘暴站数；
（4）某一天出现强沙尘暴站数的总和为该日的强沙尘暴站数。

3. 对某一统计时段内沙尘天气总站日数的规定：
（1）统计时段内逐日沙尘天气站数的总和为该时段的沙尘天气总站日数；
（2）统计时段内逐日扬沙站数的总和为该时段的扬沙总站日数；
（3）统计时段内逐日沙尘暴站数的总和为该时段的沙尘暴总站日数；
（4）统计时段内逐日强沙尘暴站数的总和为该时段强沙尘暴总站日数。

三、沙尘天气过程编号标准

国家气象中心对每年移入或发生在我国范围内的扬沙、沙尘暴、强沙尘暴天气过程按照其出现的先后次序进行编号，编号用6位数码，前四位数码表示年份，后两位数码表示出现的先后次序。例如：2014年出现的第4次沙尘天气过程应编为“201404”。

四、沙尘天气过程纪要表内容

沙尘天气过程纪要表包括该年出现的所有扬沙、沙尘暴和强沙尘暴天气过程，其相关内容包括：沙尘天气过程编号、起止时间、过程类型、主要影响系统、扬沙和沙尘暴影响范围和风力。其中主要影响系统是指引起沙尘天气的地面天气尺度的天气系统，主要包括冷锋、气旋、低气压。冷锋是冷气团占主导地位推动暖气团移动的冷、暖空气过渡带，锋后常伴有大风。蒙古气旋产生于蒙古国或我国内蒙古，它由两到三种冷、暖气团交汇而成，通常从气旋中心往外有冷锋、暖锋或锢囚锋生成，气旋发展强烈时常出现大风。低气压是指中心气压低于四周并具有闭合等压线的天气系统。

五、年及各月沙尘天气日数分布图

年及各月沙尘天气日数分布图包括年及各月沙尘天气出现日数分布图、扬沙天气出现日数分布图、沙尘暴天气出现日数分布图和强沙尘暴天气出现日数分布图。

六、沙尘天气过程图表

沙尘天气过程图表包括沙尘天气过程描述表、沙尘天气范围图、500 hPa环流形势图、地面天气形势图及气象卫星监测图像等。沙尘天气过程描述表中的最大风速是从该次沙尘天气过程中所有出现沙尘天气站点的定时观测中统计出来的最大风速。500 hPa环流形势图、地面天气形势图的选用原则是能充分反映造成该次沙尘天气过程的环流形势及影响系统，图中G（D）表示高（低）气压中心，L（N）表示冷（暖）空气中心。

七、沙尘天气路径划分标准

沙尘天气路径分为偏北路径型、偏西路径型、西北路径型、南疆盆地型和局地型五类。

1. 偏北路径型：沙尘天气起源于蒙古国或我国东北地区西部，受偏北气流引导，沙尘主体自北向南移动，主要影响我国西北地区东部、华北大部和东北地区南部，有时还会影响到黄淮等地；
2. 偏西路径型：沙尘天气起源于蒙古国、我国内蒙古西部或新疆南部，受偏西气流引导，沙尘主体向偏东方向移动，主要影响我国西北、华北，有时还影响到东北地区西部和南部；
3. 西北路径型：沙尘天气一般起源于蒙古国或我国内蒙古西部，受西北气流引导，沙尘主体自西北向东南方向移动，或先向东南方向移动，而后随气旋收缩北上转向东北方向移动，主要影响我国西北和华北，甚至还会影响到黄淮、江淮等地；
4. 南疆盆地型：沙尘天气起源于新疆南部，并主要影响该地区；
5. 局地型：局部地区有沙尘天气出现，但沙尘主体没有明显的移动。

目　录

1　2014 年沙尘天气概况

1.1　沙尘天气过程

2014 年全年我国共出现了 7 次沙尘天气过程，其中扬沙天气过程 4 次、沙尘暴天气过程 1 次，强沙尘暴天气过程 2 次，全部发生在春季，有偏西路径型四次、西北路径型两次、偏北路径型一次。首次发生的沙尘天气过程为 2014 年 3 月 19 日的扬沙天气过程，末次是 5 月 22—24 日的沙尘暴天气过程。2014 年强度最强的沙尘天气过程是 4 月 23—24 日的强沙尘暴天气过程，新疆南疆盆地中部、甘肃西部、内蒙古中部以及青海西北部出现沙尘暴和强沙尘暴天气。

1.2　沙尘天气日数

2014 年我国西北地区、内蒙古、华北和东北南部的大部分地区以及黄淮、江淮、四川盆地、西藏等地的部分地区出现了沙尘天气（图 1.1）。有两个沙尘天气出现日数超过 10 天的多发区，一个位于新疆南疆盆地，沙尘天气日数达 50～100 天，沙尘天气日数超过 100 天的有皮山和民丰，分别达 184 天和 155 天；另一个多发区位于甘肃西部和内蒙古西部，沙尘天气日数一般为 15～20 天。

扬沙天气主要出现在我国西北地区、内蒙古、华北、东北地区西南部等地（图 1.2）。扬沙天气也存在两个多发区，位置与沙尘天气基本相同，日数一般有 10～30 天，其中新疆南疆盆地南部可达 20～45 天。

沙尘暴天气出现的区域较扬沙天气明显缩小（图 1.3），主要分布在新疆南疆盆地、青海柴达木盆地、甘肃、内蒙古中西部，沙尘暴日数一般为 1～5 天，新疆南疆盆地部分地区、甘肃西部和内蒙古西部的局部地区超过 5 天，新疆南疆盆地、内蒙古西部局部达 10～14 天。

强沙尘暴天气主要出现在新疆南疆盆地，甘肃西部和内蒙古西部局地也有出现（图 1.4），日数一般为 1～2 天，新疆南疆盆地中部局部地区达 3～8 天。

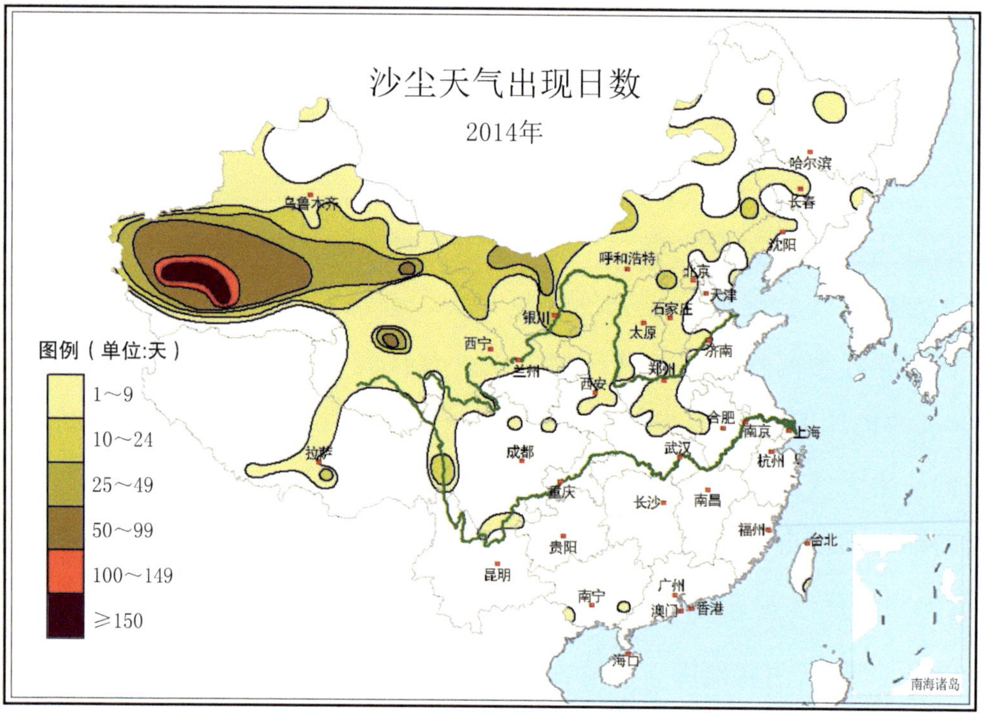

图 1.1　2014 年沙尘天气日数图

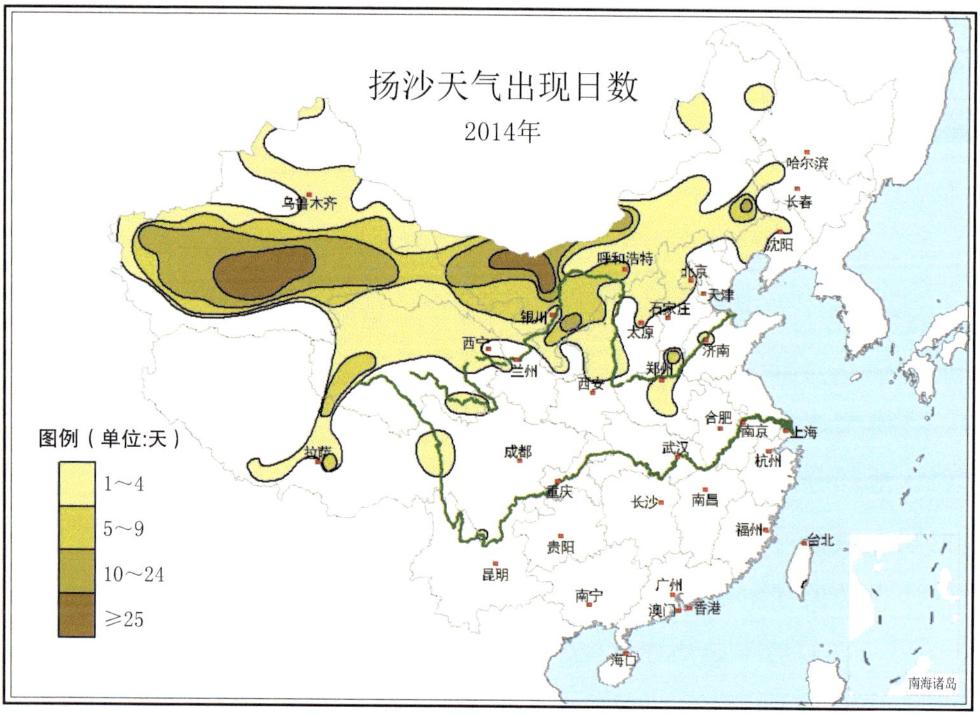

图 1.2　2014 年扬沙天气日数图

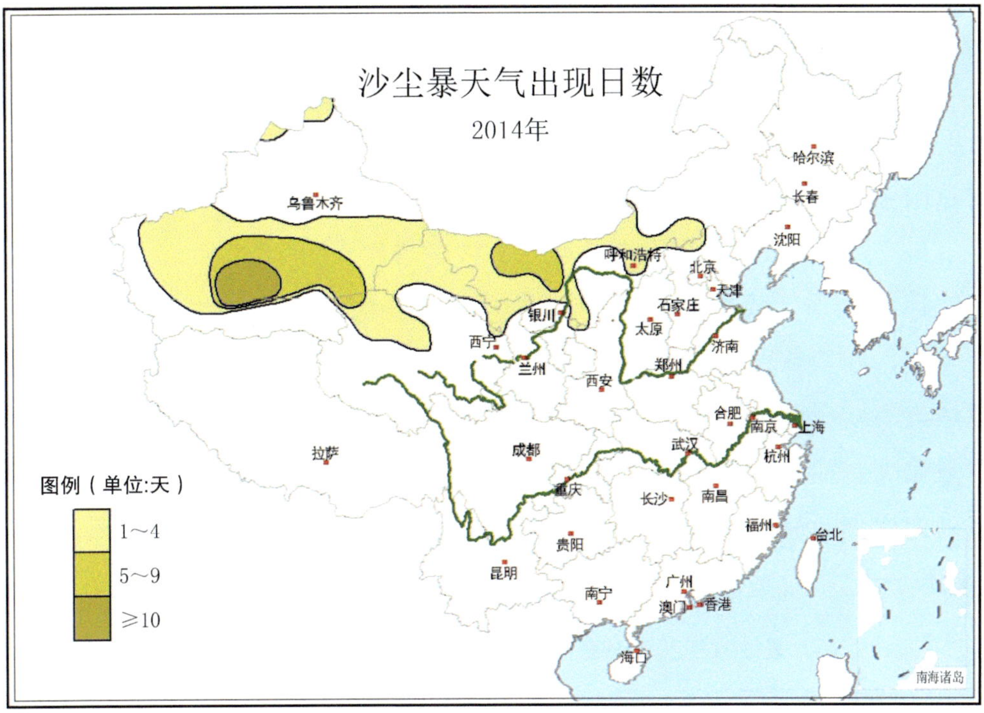

图 1.3 2014 年沙尘暴天气日数图

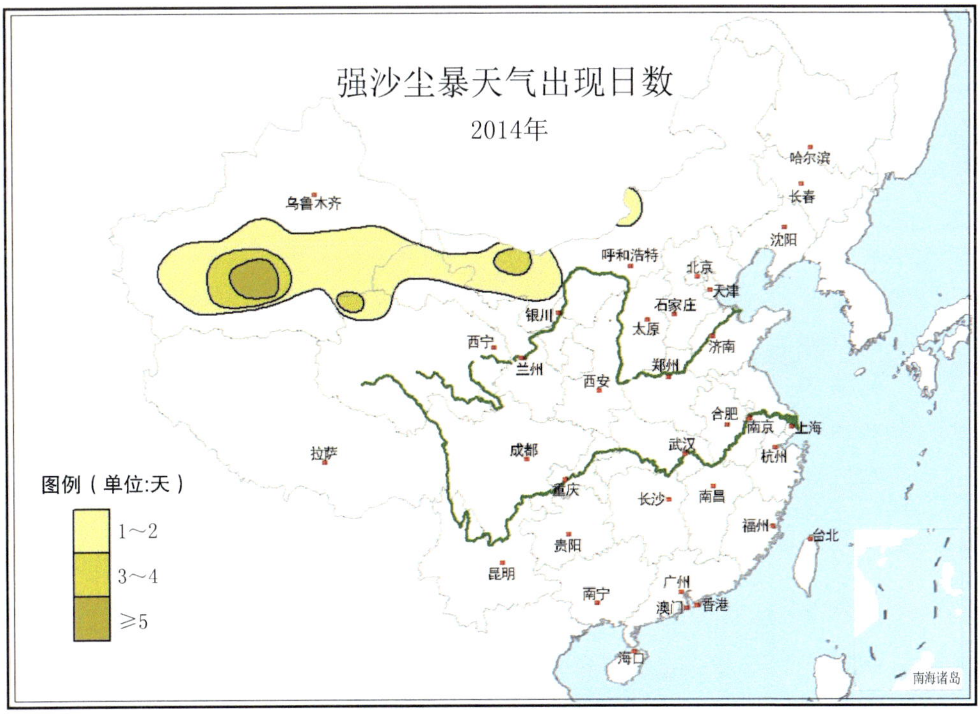

图 1.4 2014 年强沙尘暴天气日数图

1.3 2014年春季沙尘天气主要特点

2014年春季沙尘天气过程次数（7次）较常年（1981—2010年）同期（17.2次）明显偏少，与近14年（2000—2013年）同期（11.5次）相比仍然偏少，并具有范围偏小、强度偏弱、首发时间晚偏多等特点。

（1）沙尘天气过程次数明显偏少，沙尘暴次数为2000年以来第三少

2014年春季，我国共发生7次沙尘天气过程（表1.1），其中扬沙天气过程出现4次，沙尘暴天气过程出现1次，强沙尘暴天气过程出现2次。沙尘天气过程总数与2003年和2009年并列为近15年（2000—2014年）同期第2少年，次数明显偏少。沙尘暴天气过程数明显低于近15年同期平均值，与2011年和2013年并列为近15年同期最少年，强沙尘暴天气过程数较近15年同期平均值偏多（表1.1）。

表1.1 2000—2014年春季我国沙尘天气过程统计

年份	扬沙天气过程	沙尘暴天气过程	强沙尘暴天气过程	总沙尘天气过程
2000年	7	7	2	16
2001年	5	10	3	18
2002年	1	7	4	12
2003年	5	2	0	7
2004年	9	5	1	15
2005年	5	2	1	8
2006年	6	6	5	17
2007年	5	8	1	14
2008年	1	8	1	10
2009年	2	5	0	7
2010年	8	6	1	15
2011年	5	1	2	8
2012年	4	2	2	8
2013年	5	1	0	6
2014年	4	1	2	7
2000—2013年平均	4.9	5	1.6	11.5
常年平均（1981—2010年）	/	/	/	17.2

（2）沙尘天气范围偏小、频次偏少、强度偏弱

2014 年春季，全国出现沙尘和扬沙的总站数依次为 162 个和 135 个，分别较近 14 年（2000－2013 年）平均值偏少 36％和 24％，出现沙尘暴和强沙尘暴的总站数为 47 个和 18 个，依次较近 14 年（2000－2013 年）平均值偏少 29％和 30％（图 1.5），表明 2014 年春季全国出现沙尘天气的范围明显偏小。

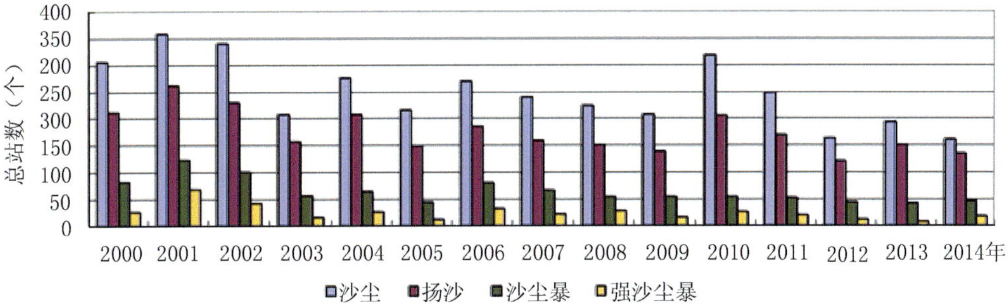

图 1.5　2000－2014 年春季全国沙尘天气总站数逐年变化

2014 年春季，全国累计出现的沙尘、扬沙总站日数分别较近 14 年（2000－2013 年）同期平均值偏少 29％和 39％。沙尘暴和强沙尘暴总站日数分别为 91 站·天和 29 站·天（图 1.6），较近 14 年（2000－2013 年）同期平均值偏少 45％和 38％。从全国春季平均沙尘日数来看（图 1.7），2014 年春季，我国北方平均沙尘日数为 2.5 天，较常年（1981－2010 年）同期（5.1 天）偏少 2.6 天，比 2000－2013 年同期（3.8 天）偏少 1.3 天，为 1961 年以来历史同期第三少（图 1.7）。平均沙尘暴日数为 0.5 天，分别比常年同期（1.1 天）和 2000－2013 年同期（0.8 天）分别偏少 0.6 天和 0.3 天，为 1961 年以来历史同期第七少（图 1.8）。

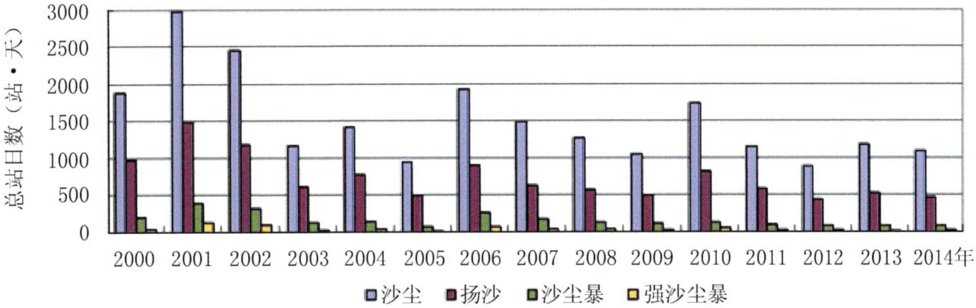

图 1.6　2000－2014 年春季全国沙尘天气总站日数逐年变化

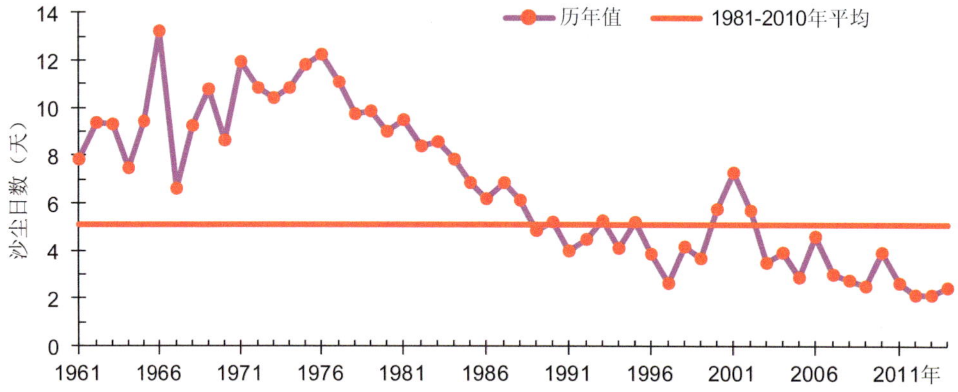

图 1.7 1961—2014 年春季（3—5 月）我国北方沙尘（扬沙以上）日数历年变化

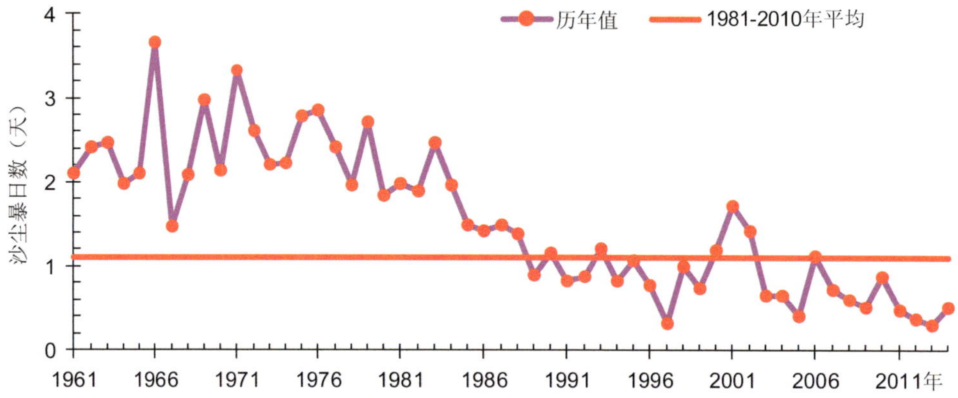

图 1.8 1961—2014 年春季（3—5 月）我国北方沙尘暴日数历年变化

（3）沙尘首发时间偏晚

2014 年我国首次沙尘天气过程发生时间为 3 月 19 日，比 2000—2013 年平均首发时间（2 月 13 日）偏晚 34 天，较 2013 年（2 月 24 日）偏晚 23 天（表 1.2）。

表 1.2 2001 年以来历年沙尘天气最早发生时间

年份	最早发生时间	年份	最早发生时间
2000	1 月 1 日	2008	2 月 11 日
2001	1 月 1 日	2009	2 月 19 日
2002	2 月 9 日	2010	3 月 8 日
2003	1 月 20 日	2011	3 月 12 日
2004	2 月 3 日	2012	3 月 20 日
2005	2 月 21 日	2013	2 月 24 日
2006	3 月 9 日	2014	3 月 19 日
2007	1 月 26 日		

2 2014 年北方沙尘天气偏少的成因分析

导致 2014 年春季我国北方沙尘天气过程数量明显偏少、强度偏弱，北方各沙尘多发区沙尘天气均明显偏少有两个原因，最主要是沙尘动力输送条件很差；其次是沙尘源区前期降水偏多，下垫面抑沙条件较好。

2.1 动力输送条件差

2014 年春季，北极涛动（AO）指数以正为主（图 2.1），表明冷空气主要在极地活动，不利于向南扩散，影响东亚的冷空气势力很弱。同时，春季欧亚地区纬向环流指数为正值，也表明欧亚地区以平直的纬向环流为主，不利于强冷空气频繁活动影响我国北方区域。春季北半球 500 hPa 位势高度距平场显示（图 2.2），极地区域为显著正异常区，欧亚中高纬为高值区，尤其东亚中北部至东北部的大部区域为显著正距平控制，不利于冷空气活动。在低层，春季 850 hPa 位势高度和风距平场显示（图 2.3），欧亚高纬度为负距平控制，而乌拉尔山以东、55°N 以南的大部区域为高度正距平控制，从我国东北至俄罗斯东南部为高度正距平中心，该中心的环流距平场为一异常反气旋，其外围的东风或东南风距平控制了东亚中部和东北部区域，包括我国东北、华北到西北，这对春季该区域盛行的西北风具有削弱作用。春季环流的高低层配置导致我国北方大部气温偏高，内蒙古大部、东北、华北、西北部分地区、黄淮偏高 1 ℃以上（图 2.4），显示了春季影响我国的冷空气明显偏弱，沙尘的动力输送条件差。

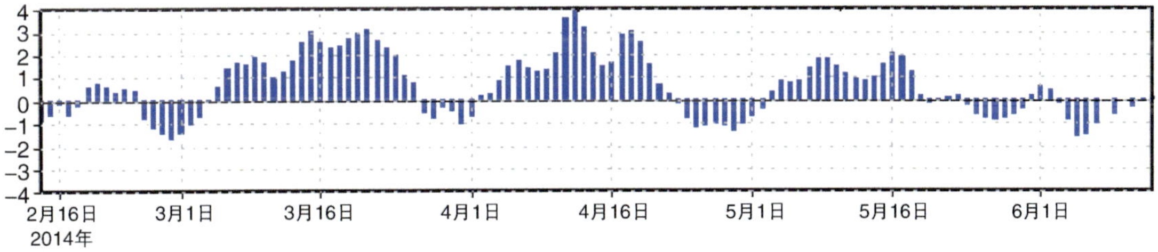

图 2.1 北极涛动（AO）指数逐日演变

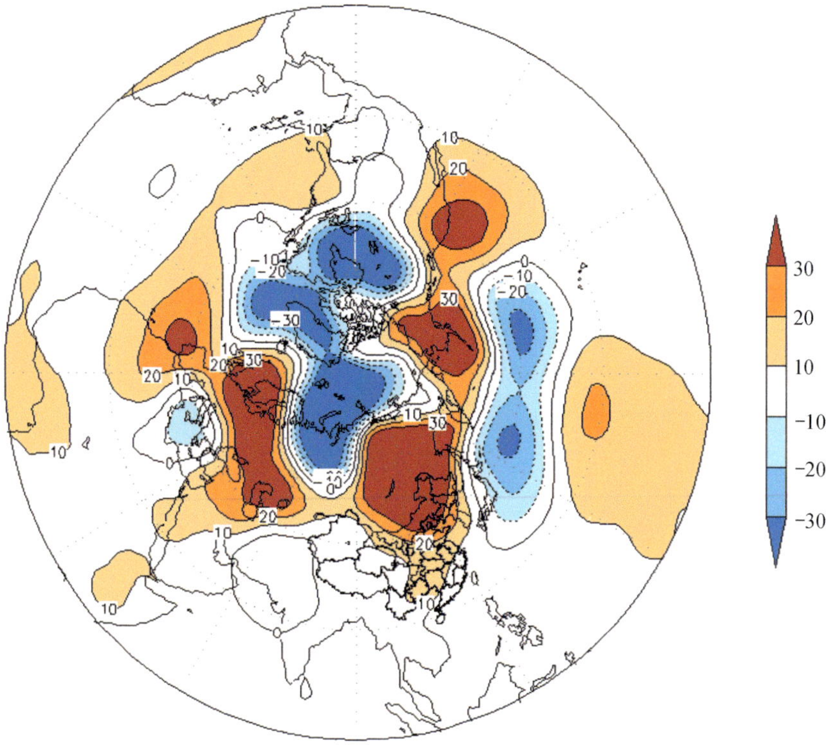

图 2.2 2014 年春季北半球 500 hPa 高度距平场分布图（单位：gpm）

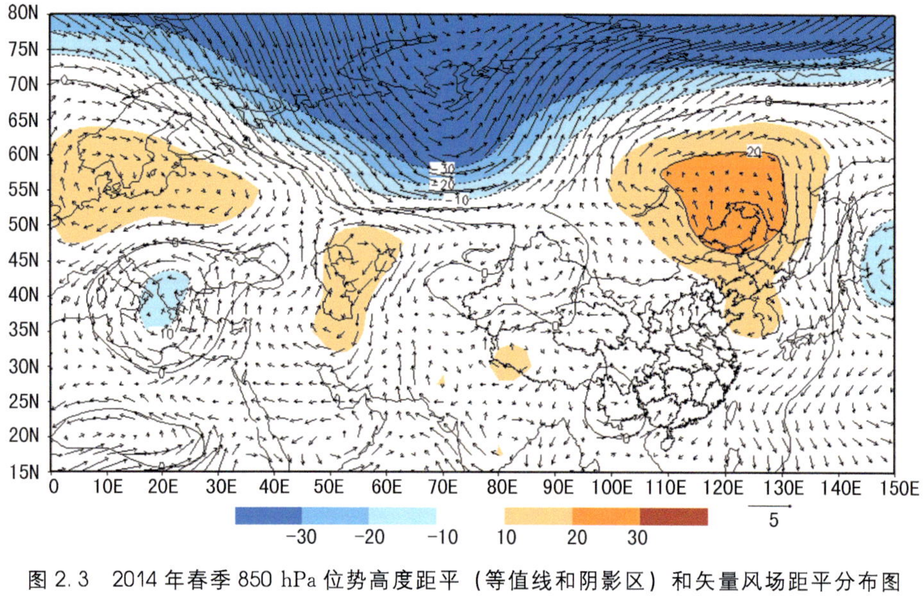

图 2.3 2014 年春季 850 hPa 位势高度距平（等值线和阴影区）和矢量风场距平分布图
（位势高度距平单位：gpm；风场距平单位：m/s）

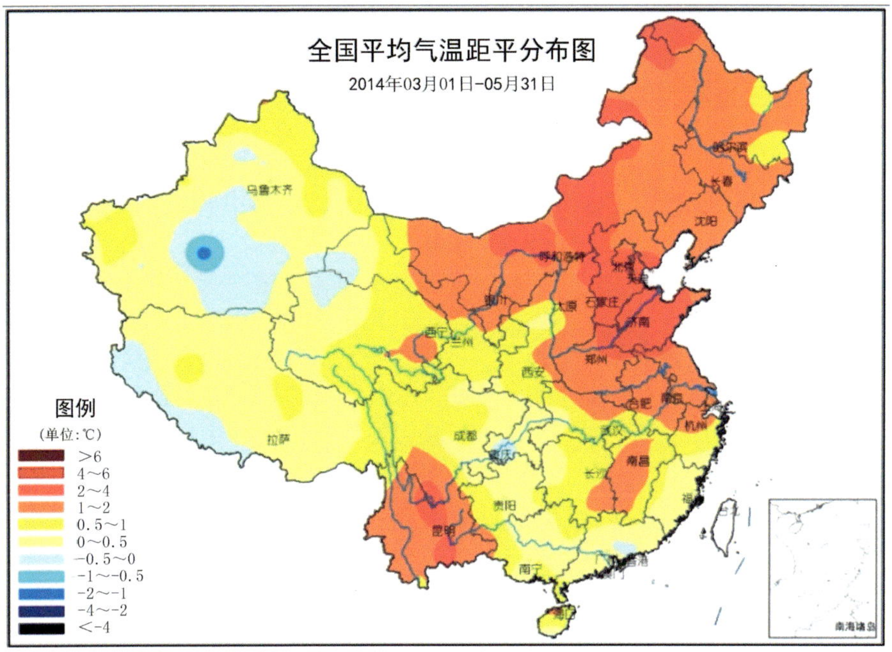

图 2.4　2014 年春季全国平均气温距平分布图

2.2　沙尘源区前期降水多，下垫面抑沙条件较好

2013 年夏季，中亚、东亚北部等主要沙尘源区降水偏多（图 2.5），并且大部分区域偏多在 30%以上，有利于沙源区植被生长并抑制沙尘天气发生。

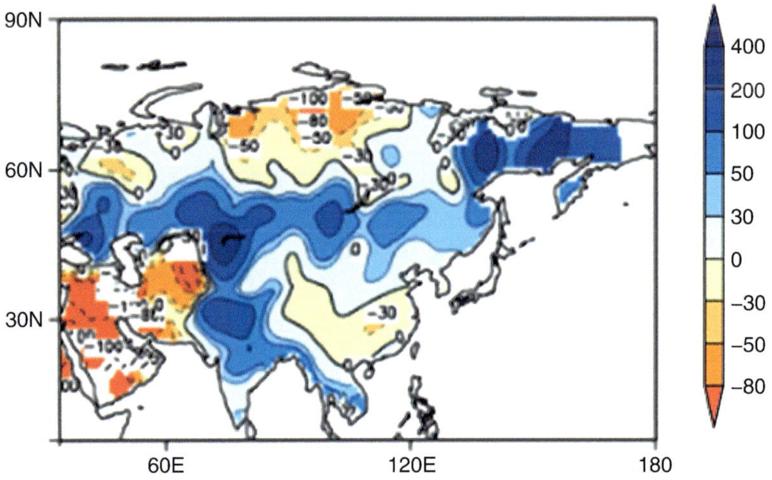

图 2.5　2013 年夏季欧亚降水距平百分率分布图（单位:%）

3 2014 年沙尘天气过程纪要表

编号	起止时间	过程类型	主要影响系统	扬沙和沙尘暴主要影响范围	风力
201401	3 月 19 日	扬沙	地面高压	新疆南疆盆地、甘肃西北部等地的部分地区有扬沙，其中甘肃敦煌出现沙尘暴。	4～5 级，部分地区 6 级
201402	3 月 26—27 日	扬沙	地面低压、冷锋	青海东北部、甘肃中部、内蒙古中西部、宁夏、陕西北部、山西北部、河北西北部等地有扬沙，其中青海门源、甘肃永昌、内蒙古海力素和吉兰太、宁夏盐池等地出现沙尘暴。	4～6 级，局部地区 7 级
201403	4 月 2—3 日	扬沙	地面高压	新疆南疆盆地东部、甘肃中西部、内蒙古西部等地出现扬沙，其中新疆哈密出现沙尘暴，内蒙古拐子湖出现强沙尘暴。	5～6 级，局部地区 7 级
201404	4 月 23—24 日	强沙尘暴	地面高压、冷锋	新疆南疆盆地和东北部、青海北部、甘肃大部、内蒙古中西部、宁夏、陕西北部有扬沙，其中新疆南疆盆地中东部、青海西北部、甘肃中西部、内蒙古中西部、宁夏北部出现沙尘暴和强沙尘暴。	5～6 级，部分地区 7 级
201405	4 月 29 日—5 月 1 日	扬沙	地面冷锋	新疆南疆盆地、青海北部、甘肃大部、内蒙古西部、宁夏北部、陕西北部、山西北部等地有扬沙，其中新疆南疆盆地北部、青海西北部、甘肃敦煌出现沙尘暴，青海茫崖和内蒙古吉兰太出现强沙尘暴。	5～7 级，局部地区 8 级
201406	5 月 8—9 日	沙尘暴	地面低压、冷锋	新疆南疆盆地、青海北部、甘肃中部、内蒙古西部、宁夏、陕西北部出现扬沙，其中新疆南疆盆地中部、青海西北部、甘肃中部、内蒙古西部等地的部分地区出现沙尘暴，新疆塔中、内蒙古巴音毛道出现强沙尘暴。	4～5 级，部分地区 6 级
201407	5 月 22—25 日	强沙尘暴	地面高压、冷锋	新疆南疆盆地、青海西北部、甘肃中西部、内蒙古中西部、宁夏、陕西北部、山西北部、河北西北部等地出现扬沙，其中新疆南疆盆地中西部、青海西北部、甘肃西部、内蒙古西部等地的部分地区出现沙尘暴，新疆和田、于田、民丰、甘肃玉门出现强沙尘暴。	4～6 级，局部地区 7 级

4 2014年逐月沙尘天气日数分布图

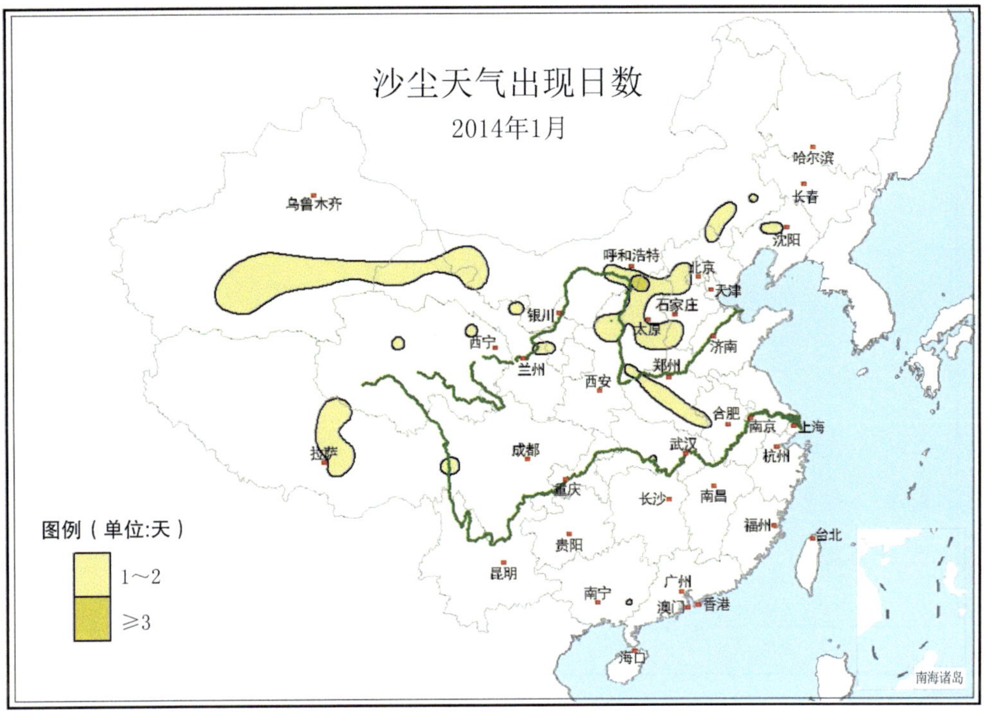

沙尘暴天气出现日数
2014年1月
无沙尘暴
乌鲁木齐
哈尔滨
长春
沈阳
呼和浩特
北京
天津
石家庄
银川
原
济南
郑州
西安
合肥
南京
上海
拉萨
成都
武汉
杭州
重庆
长沙
南昌
福州
台北
贵阳
昆明
南宁
广州
澳门
香港
海口
南海诸岛

强沙尘暴天气出现日数
2014年1月
无强沙尘暴
乌鲁木齐
哈尔滨
长春
沈阳
呼和浩特
北京
天津
石家庄
银川
原
济南
郑州
西安
合肥
南京
上海
拉萨
成都
武汉
杭州
重庆
长沙
南昌
福州
台北
贵阳
昆明
南宁
广州
澳门
香港
海口
南海诸岛

沙尘天气出现日数
2014年2月
乌鲁木齐
哈尔滨
长春
沈阳
呼和浩特
北京
天津
石家庄
银川
太原
济南
西宁
兰州
郑州
西安
合肥
南京
上海
拉萨
成都
武汉
杭州
重庆
长沙
南昌
福州
台北
贵阳
昆明
南宁
广州
澳门
香港
海口
南海诸岛
图例（单位:天）
1～4
5～9
≥10

扬沙天气出现日数
2014年2月
乌鲁木齐
哈尔滨
长春
沈阳
呼和浩特
北京
天津
石家庄
银川
太原
济南
西宁
兰州
郑州
西安
合肥
南京
上海
拉萨
成都
武汉
杭州
重庆
长沙
南昌
福州
台北
贵阳
昆明
南宁
广州
澳门
香港
海口
南海诸岛
图例（单位:天）
1～2
≥3

沙尘暴天气出现日数
2014年2月
无沙尘暴
哈尔滨
长春
乌鲁木齐
沈阳
呼和浩特
北京
天津
银川
石家庄
济南
郑州
西安
合肥
南京
上海
拉萨
成都
武汉
杭州
重庆
长沙
南昌
福州
台北
贵阳
昆明
南宁
广州
澳门
香港
海口
南海诸岛

强沙尘暴天气出现日数
2014年2月
无强沙尘暴
哈尔滨
长春
乌鲁木齐
沈阳
呼和浩特
北京
天津
银川
石家庄
济南
郑州
西安
合肥
南京
上海
拉萨
成都
武汉
杭州
重庆
长沙
南昌
福州
台北
贵阳
昆明
南宁
广州
澳门
香港
海口
南海诸岛

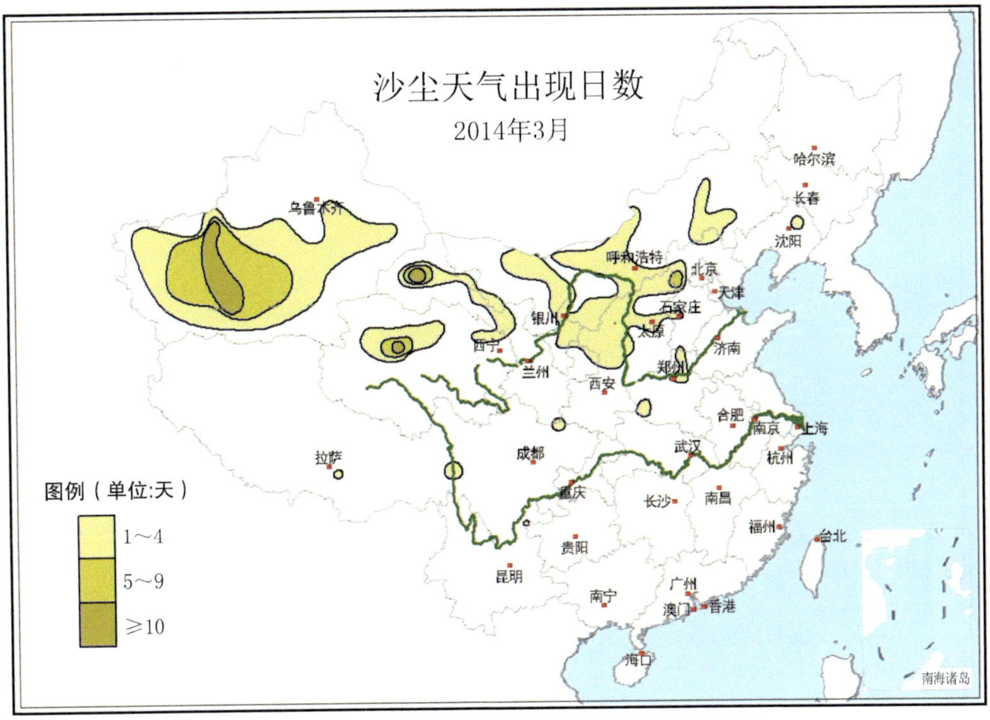
沙尘天气出现日数
2014年3月
哈尔滨
长春
沈阳
乌鲁木齐
呼和浩特
北京
天津
石家庄
银川
太原
西宁
兰州
济南
郑州
西安
合肥
南京
上海
武汉
杭州
拉萨
成都
重庆
长沙
南昌
福州
台北
贵阳
昆明
南宁
广州
澳门
香港
海口
南海诸岛
图例（单位:天）
1～4
5～9
≥10

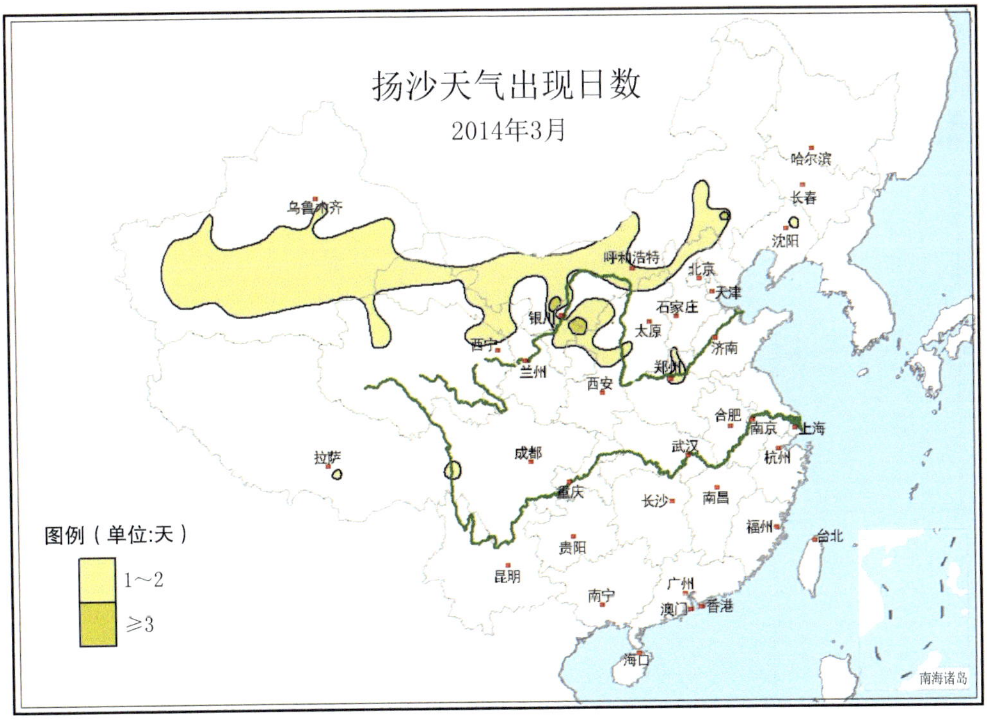
扬沙天气出现日数
2014年3月
哈尔滨
长春
沈阳
乌鲁木齐
呼和浩特
北京
天津
石家庄
银川
太原
西宁
兰州
济南
郑州
西安
合肥
南京
上海
武汉
杭州
拉萨
成都
重庆
长沙
南昌
福州
台北
贵阳
昆明
南宁
广州
澳门
香港
海口
南海诸岛
图例（单位:天）
1～2
≥3

沙尘暴天气出现日数
2014年3月
哈尔滨
长春
乌鲁木齐
沈阳
呼和浩特
北京
天津
石家庄
银川
太原
西宁
济南
兰州
郑州
西安
合肥
南京
上海
拉萨
成都
武汉
杭州
重庆
长沙
南昌
福州
台北
贵阳
图例（单位:天）
昆明
广州
南宁
≥1
澳门
香港
海口
南海诸岛

强沙尘暴天气出现日数
2014年3月
哈尔滨
乌鲁木齐
长春
沈阳
呼和浩特
北京
天津
石家庄
银川
无强沙尘暴
济南
郑州
西安
合肥
南京
上海
拉萨
成都
武汉
杭州
重庆
长沙
南昌
福州
台北
贵阳
昆明
广州
南宁
澳门
香港
海口
南海诸岛

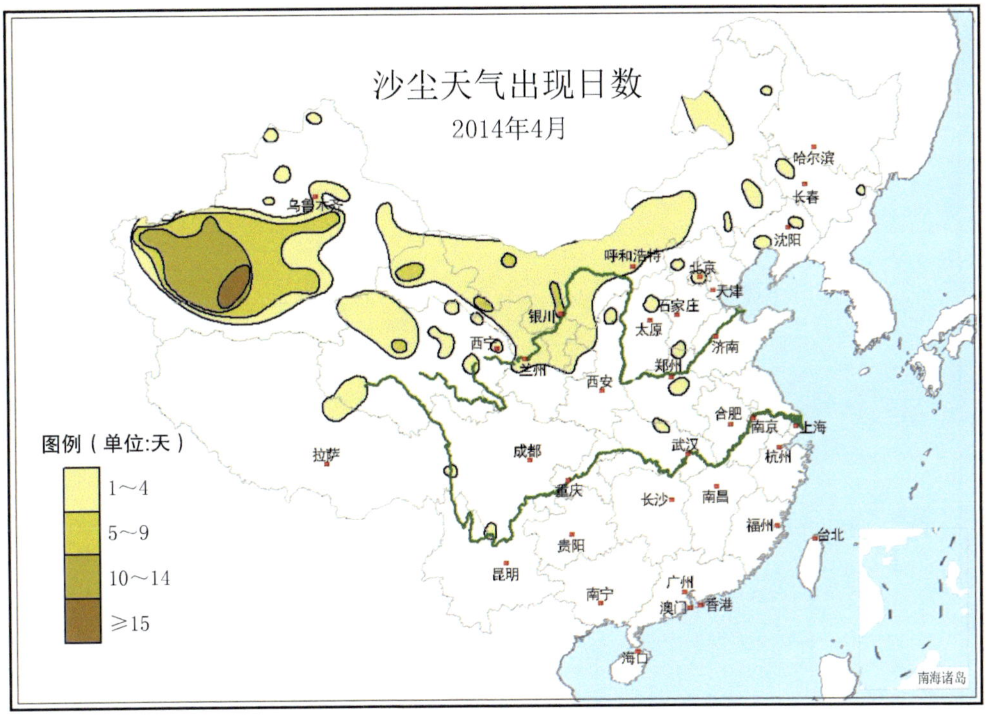
沙尘天气出现日数
2014年4月
图例（单位:天）
1~4
5~9
10~14
≥15
哈尔滨
长春
沈阳
乌鲁木齐
呼和浩特
北京
天津
石家庄
太原
济南
银川
西宁
兰州
郑州
西安
合肥
南京
上海
拉萨
成都
武汉
杭州
重庆
长沙
南昌
福州
台北
贵阳
昆明
广州
南宁
澳门
香港
海口
南海诸岛

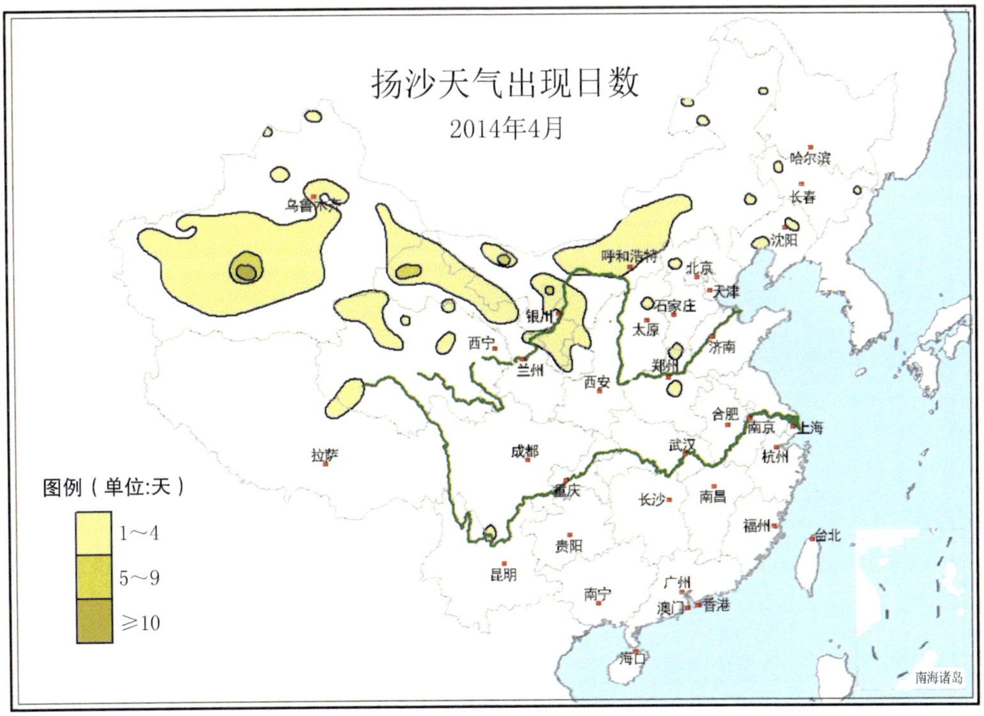
扬沙天气出现日数
2014年4月
图例（单位:天）
1~4
5~9
≥10
哈尔滨
长春
沈阳
乌鲁木齐
呼和浩特
北京
天津
石家庄
太原
济南
银川
西宁
兰州
郑州
西安
合肥
南京
上海
拉萨
成都
武汉
杭州
重庆
长沙
南昌
福州
台北
贵阳
昆明
广州
南宁
澳门
香港
海口
南海诸岛

沙尘暴天气出现日数
2014年4月
乌鲁木齐
哈尔滨
长春
沈阳
呼和浩特
北京
天津
石家庄
太原
银川
西宁
兰州
济南
郑州
西安
合肥
南京
上海
杭州
武汉
拉萨
成都
重庆
长沙
南昌
福州
台北
贵阳
昆明
南宁
广州
澳门
香港
海口
南海诸岛
图例（单位:天）
1～2
≥3

强沙尘暴天气出现日数
2014年4月
乌鲁木齐
哈尔滨
长春
沈阳
呼和浩特
北京
天津
石家庄
太原
银川
西宁
兰州
济南
郑州
西安
合肥
南京
上海
杭州
武汉
拉萨
成都
重庆
长沙
南昌
福州
台北
贵阳
昆明
南宁
广州
澳门
香港
海口
南海诸岛
图例（单位:天）
≥1

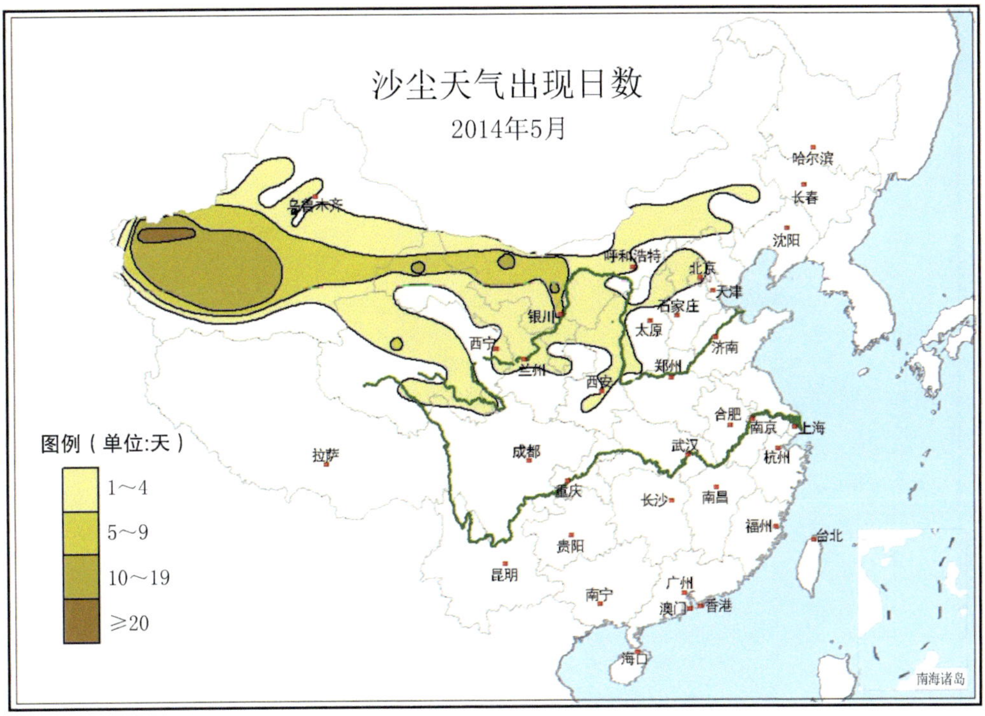
沙尘天气出现日数
2014年5月
哈尔滨
长春
乌鲁木齐
沈阳
呼和浩特
北京
天津
石家庄
银川
太原
西宁
济南
兰州
郑州
西安
合肥
南京
上海
图例（单位:天）
拉萨
成都
武汉
杭州
1～4
重庆
长沙
南昌
5～9
福州
台北
贵阳
10～19
昆明
广州
南宁
澳门
香港
≥20
海口
南海诸岛

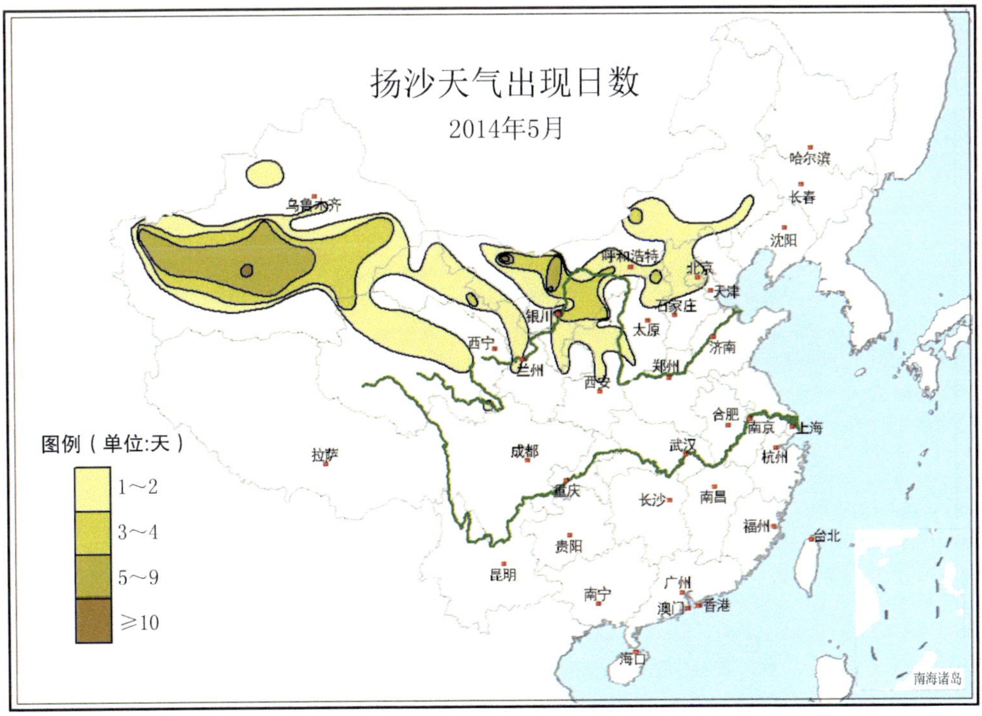
扬沙天气出现日数
2014年5月
哈尔滨
长春
乌鲁木齐
沈阳
呼和浩特
北京
天津
银川
石家庄
太原
西宁
济南
兰州
西安
郑州
合肥
南京
上海
图例（单位:天）
武汉
拉萨
成都
杭州
1～2
重庆
长沙
南昌
3～4
福州
台北
贵阳
5～9
昆明
广州
南宁
澳门
香港
≥10
海口
南海诸岛

沙尘暴天气出现日数
2014年5月
乌鲁木齐
哈尔滨
长春
沈阳
呼和浩特
北京
天津
石家庄
太原
济南
银川
西宁
兰州
西安
郑州
合肥
南京
上海
武汉
杭州
拉萨
成都
重庆
长沙
南昌
福州
台北
贵阳
昆明
南宁
广州
澳门
香港
海口
南海诸岛
图例（单位:天）
1～2
3～4
≥5

强沙尘暴天气出现日数
2014年5月
乌鲁木齐
哈尔滨
长春
沈阳
呼和浩特
北京
天津
石家庄
太原
济南
银川
西宁
兰州
西安
郑州
合肥
南京
上海
武汉
杭州
拉萨
成都
重庆
长沙
南昌
福州
台北
贵阳
昆明
南宁
广州
澳门
香港
海口
南海诸岛
图例（单位:天）
≥1

沙尘天气出现日数
2014年6月
哈尔滨
长春
乌鲁木齐
沈阳
呼和浩特
北京
天津
石家庄
银川
太原
西宁
济南
兰州
西安
郑州
合肥
南京
上海
拉萨
成都
武汉
杭州
图例（单位:天）
重庆
长沙
南昌
1～4
福州
台北
贵阳
5～9
昆明
南宁
广州
澳门
香港
≥10
海口
南海诸岛

扬沙天气出现日数
2014年6月
哈尔滨
乌鲁木齐
长春
沈阳
呼和浩特
北京
天津
石家庄
银川
太原
西宁
济南
兰州
西安
郑州
合肥
南京
上海
拉萨
成都
武汉
杭州
图例（单位:天）
重庆
长沙
南昌
1～4
福州
台北
贵阳
5～9
昆明
南宁
广州
澳门
香港
≥10
海口
南海诸岛

沙尘暴天气出现日数
2014年6月
哈尔滨
长春
乌鲁木齐
沈阳
呼和浩特
北京
天津
银川
石家庄
太原
西宁
济南
兰州
郑州
西安
合肥
南京
上海
拉萨
成都
武汉
杭州
重庆
长沙
南昌
福州
台北
贵阳
图例（单位:天）
昆明
≥1
南宁
广州
澳门
香港
海口
南海诸岛

强沙尘暴天气出现日数
2014年6月
哈尔滨
长春
乌鲁木齐
沈阳
呼和浩特
北京
天津
银川
石家庄
太原
西宁
济南
兰州
郑州
西安
合肥
南京
上海
拉萨
成都
武汉
杭州
重庆
长沙
南昌
福州
台北
贵阳
图例（单位:天）
昆明
≥1
南宁
广州
澳门
香港
海口
南海诸岛

沙尘天气出现日数
2014年7月
乌鲁木齐
哈尔滨
长春
沈阳
呼和浩特
北京
天津
石家庄
太原
济南
银川
西宁
兰州
西安
郑州
合肥
南京
上海
拉萨
成都
武汉
杭州
重庆
长沙
南昌
福州
台北
贵阳
昆明
南宁
广州
澳门
香港
海口
南海诸岛
图例（单位:天）
1～4
5～9
≥10

扬沙天气出现日数
2014年7月
乌鲁木齐
哈尔滨
长春
沈阳
呼和浩特
北京
天津
石家庄
太原
济南
银川
西宁
兰州
西安
郑州
合肥
南京
上海
拉萨
成都
武汉
杭州
重庆
长沙
南昌
福州
台北
贵阳
昆明
南宁
广州
澳门
香港
海口
南海诸岛
图例（单位:天）
1～2
3～4
≥5

沙尘暴天气出现日数
2014年7月
哈尔滨
长春
沈阳
乌鲁木齐
呼和浩特
北京
天津
石家庄
银川
太原
济南
西宁
兰州
郑州
西安
合肥
南京
上海
拉萨
成都
武汉
杭州
重庆
长沙
南昌
福州
台北
贵阳
昆明
南宁
广州
澳门
香港
海口
南海诸岛
图例（单位:天）
1～2
≥3

强沙尘暴天气出现日数
2014年7月
哈尔滨
长春
沈阳
乌鲁木齐
呼和浩特
北京
天津
石家庄
银川
太原
济南
西宁
兰州
郑州
西安
合肥
南京
上海
拉萨
成都
武汉
杭州
重庆
长沙
南昌
福州
台北
贵阳
昆明
南宁
广州
澳门
香港
海口
南海诸岛
图例（单位:天）
≥1

沙尘天气出现日数
2014年8月
图例（单位:天）
1～4
5～9
10～14
15～19
≥20
乌鲁木齐
哈尔滨
长春
沈阳
呼和浩特
北京
天津
石家庄
太原
银川
西宁
兰州
西安
郑州
济南
合肥
南京
上海
杭州
武汉
成都
拉萨
重庆
长沙
南昌
福州
台北
贵阳
昆明
南宁
广州
澳门
香港
海口
南海诸岛

扬沙天气出现日数
2014年8月
图例（单位:天）
1～4
≥5
乌鲁木齐
哈尔滨
长春
沈阳
呼和浩特
北京
天津
石家庄
太原
银川
西宁
兰州
西安
郑州
济南
合肥
南京
上海
杭州
武汉
成都
拉萨
重庆
长沙
南昌
福州
台北
贵阳
昆明
南宁
广州
澳门
香港
海口
南海诸岛

沙尘暴天气出现日数
2014年8月
哈尔滨
长春
沈阳
乌鲁木齐
呼和浩特
北京
天津
石家庄
太原
银川
西宁
兰州
济南
郑州
西安
合肥
南京
上海
拉萨
成都
武汉
杭州
重庆
长沙
南昌
福州
台北
贵阳
昆明
南宁
广州
澳门
香港
海口
南海诸岛
图例（单位:天）
≥1

强沙尘暴天气出现日数
2014年8月
哈尔滨
长春
沈阳
乌鲁木齐
呼和浩特
北京
天津
石家庄
太原
银川
西宁
兰州
济南
郑州
西安
合肥
南京
上海
拉萨
成都
武汉
杭州
重庆
长沙
南昌
福州
台北
贵阳
昆明
南宁
广州
澳门
香港
海口
南海诸岛
图例（单位:天）
≥1

沙尘天气出现日数
2014年9月
乌鲁木齐
哈尔滨
长春
沈阳
呼和浩特
北京
天津
石家庄
银川
太原
西宁
兰州
济南
西安
郑州
合肥
南京
上海
拉萨
成都
武汉
杭州
重庆
长沙
南昌
福州
台北
贵阳
昆明
南宁
广州
澳门
香港
海口
南海诸岛
图例（单位:天）
1～4
5～9
≥10

扬沙尘天气出现日数
2014年9月
乌鲁木齐
哈尔滨
长春
沈阳
呼和浩特
北京
天津
石家庄
银川
太原
西宁
兰州
济南
西安
郑州
合肥
南京
上海
拉萨
成都
武汉
杭州
重庆
长沙
南昌
福州
台北
贵阳
昆明
南宁
广州
澳门
香港
海口
南海诸岛
图例（单位:天）
1～2
≥3

沙尘暴天气出现日数
2014年9月
哈尔滨
长春
乌鲁木齐
沈阳
呼和浩特
北京
天津
石家庄
银川
太原
西宁
济南
兰州
郑州
西安
合肥
南京
上海
拉萨
成都
武汉
杭州
重庆
长沙
南昌
图例（单位:天）
福州
台北
1～2
贵阳
≥3
昆明
南宁
广州
澳门
香港
海口
南海诸岛

强沙尘暴天气出现日数
2014年9月
哈尔滨
长春
乌鲁木齐
沈阳
呼和浩特
北京
天津
石家庄
银川
太原
西宁
济南
兰州
郑州
西安
合肥
南京
上海
拉萨
成都
武汉
杭州
重庆
长沙
南昌
福州
台北
贵阳
图例（单位:天）
昆明
≥1
南宁
广州
澳门
香港
海口
南海诸岛

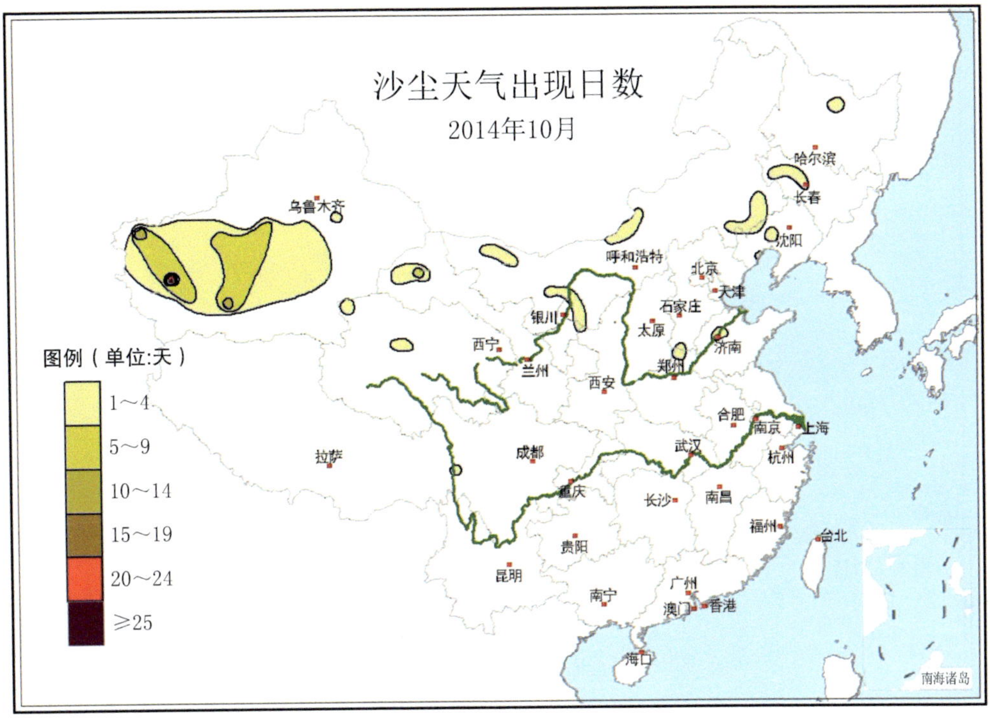
沙尘天气出现日数
2014年10月
图例（单位:天）
1～4
5～9
10～14
15～19
20～24
≥25
乌鲁木齐
哈尔滨
长春
沈阳
呼和浩特
北京
天津
石家庄
太原
济南
银川
西宁
兰州
郑州
西安
合肥
南京
上海
杭州
武汉
拉萨
成都
重庆
长沙
南昌
福州
台北
贵阳
昆明
南宁
广州
澳门
香港
海口
南海诸岛

扬沙天气出现日数
2014年10月
图例（单位:天）
≥1
乌鲁木齐
哈尔滨
长春
沈阳
呼和浩特
北京
天津
石家庄
太原
济南
银川
西宁
兰州
郑州
西安
合肥
南京
上海
杭州
武汉
拉萨
成都
重庆
长沙
南昌
福州
台北
贵阳
昆明
南宁
广州
澳门
香港
海口
南海诸岛

沙尘暴天气出现日数
2014年10月
乌鲁木齐
哈尔滨
长春
沈阳
呼和浩特
北京
天津
石家庄
银川
太原
西宁
济南
兰州
郑州
西安
合肥
南京
上海
拉萨
成都
武汉
杭州
重庆
长沙
南昌
福州
台北
贵阳
图例（单位:天）
≥1
昆明
广州
南宁
澳门
香港
海口
南海诸岛

强沙尘暴天气出现日数
2014年10月
哈尔滨
乌鲁木齐
长春
沈阳
呼和浩特
北京
天津
银川
石家庄
无强沙尘暴
济南
郑州
西安
合肥
南京
上海
拉萨
成都
武汉
杭州
重庆
长沙
南昌
福州
台北
贵阳
昆明
南宁
广州
澳门
香港
海口
南海诸岛

沙尘天气出现日数
2014年11月
图例（单位:天）
1～4
5～9
10～19
≥20
乌鲁木齐
哈尔滨
长春
沈阳
呼和浩特
北京
天津
石家庄
银川
太原
西宁
兰州
济南
郑州
西安
合肥
南京
上海
拉萨
成都
武汉
杭州
重庆
长沙
南昌
福州
台北
贵阳
昆明
广州
南宁
澳门
香港
海口
南海诸岛

扬沙天气出现日数
2014年11月
图例（单位:天）
≥1
乌鲁木齐
哈尔滨
长春
沈阳
呼和浩特
北京
天津
石家庄
银川
太原
西宁
兰州
济南
郑州
西安
合肥
南京
上海
拉萨
成都
武汉
杭州
重庆
长沙
南昌
福州
台北
贵阳
昆明
广州
南宁
澳门
香港
海口
南海诸岛

沙尘暴天气出现日数
2014年11月
乌鲁木齐
哈尔滨
长春
沈阳
呼和浩特
北京
天津
石家庄
太原
银川
西宁
兰州
西安
郑州
济南
合肥
南京
上海
拉萨
成都
武汉
杭州
重庆
长沙
南昌
福州
台北
贵阳
昆明
南宁
广州
澳门
香港
海口
南海诸岛
图例（单位:天）
1～2
≥3

强沙尘暴天气出现日数
2014年11月
乌鲁木齐
哈尔滨
长春
沈阳
呼和浩特
北京
天津
石家庄
太原
银川
西宁
兰州
西安
郑州
济南
合肥
南京
上海
拉萨
成都
武汉
杭州
重庆
长沙
南昌
福州
台北
贵阳
昆明
南宁
广州
澳门
香港
海口
南海诸岛
图例（单位:天）
≥1

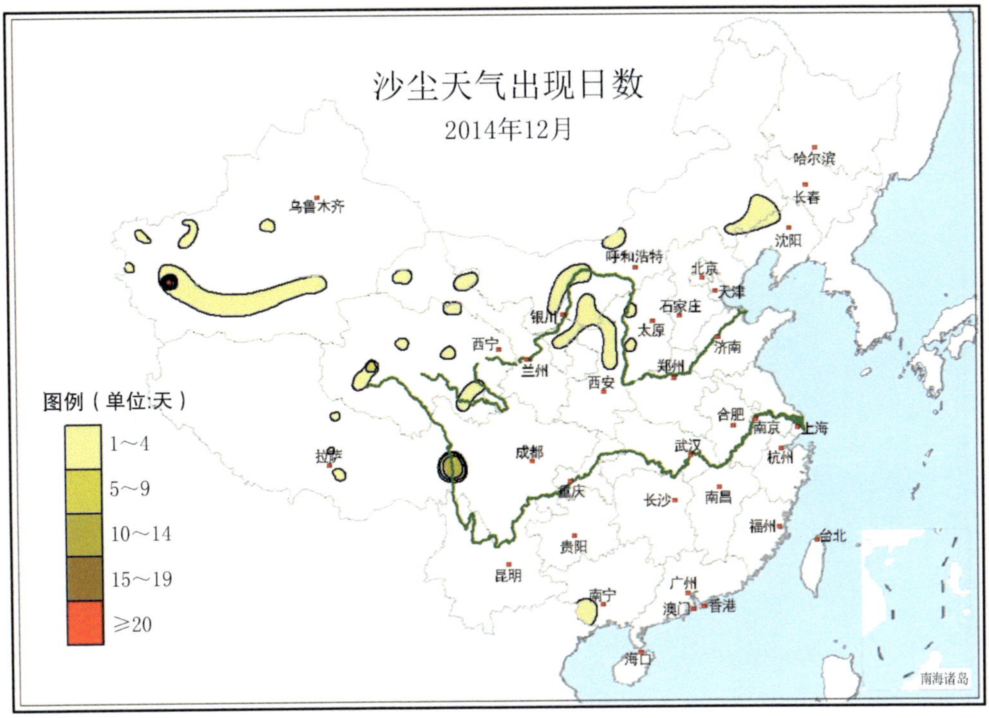
沙尘天气出现日数
2014年12月
图例（单位:天）
1～4
5～9
10～14
15～19
≥20
哈尔滨
长春
沈阳
乌鲁木齐
呼和浩特
北京
天津
石家庄
银川
太原
西宁
兰州
西安
郑州
济南
合肥
南京
上海
拉萨
成都
武汉
杭州
重庆
长沙
南昌
福州
台北
贵阳
昆明
广州
南宁
澳门
香港
海口
南海诸岛

扬沙天气出现日数
2014年12月
图例（单位:天）
1～4
≥5
哈尔滨
长春
沈阳
乌鲁木齐
呼和浩特
北京
天津
石家庄
银川
太原
西宁
兰州
西安
郑州
济南
合肥
南京
上海
拉萨
成都
武汉
杭州
重庆
长沙
南昌
福州
台北
贵阳
昆明
广州
南宁
澳门
香港
海口
南海诸岛

沙尘暴天气出现日数
2014年12月
无沙尘暴
哈尔滨
长春
乌鲁木齐
沈阳
呼和浩特
北京
天津
银川
石家庄
济南
郑州
西安
合肥
南京
上海
拉萨
成都
武汉
杭州
重庆
长沙
南昌
福州
台北
贵阳
昆明
广州
南宁
澳门
香港
海口
南海诸岛

强沙尘暴天气出现日数
2014年12月
无强沙尘暴
哈尔滨
长春
乌鲁木齐
沈阳
呼和浩特
北京
天津
银川
石家庄
济南
郑州
西安
合肥
南京
上海
拉萨
成都
武汉
杭州
重庆
长沙
南昌
福州
台北
贵阳
昆明
广州
南宁
澳门
香港
海口
南海诸岛

5 2014 年沙尘天气过程图表

5.1 3 月 19 日扬沙天气过程

5.1.1 沙尘天气过程描述

起止时间	3 月 19 日
类　型	扬沙天气过程
最大风速（单位：m/s）及出现地点	13 甘肃：安西
最小能见度（单位：km）及出现地点	0.9 甘肃：敦煌
沙尘路径	偏西路径型
沙尘暴范围	甘肃西部局部地区
强沙尘暴地点	/
影响系统	地面高压

5.1.2 沙尘天气范围图

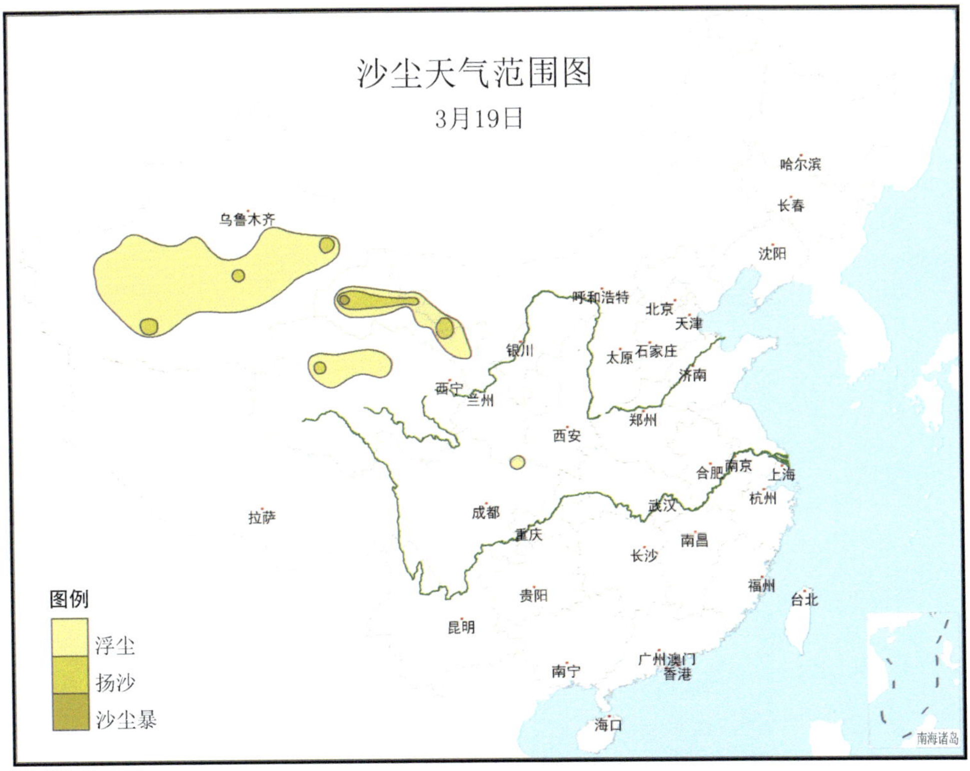

5.1.3　3月19日20时500 hPa环流形势图

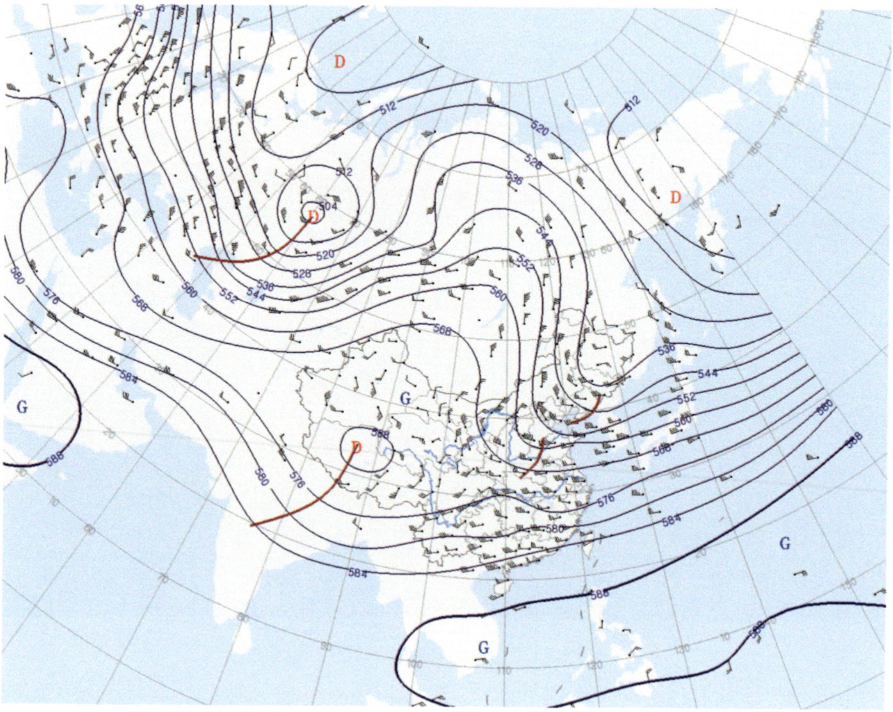

5.1.4　3月19日20时地面天气图

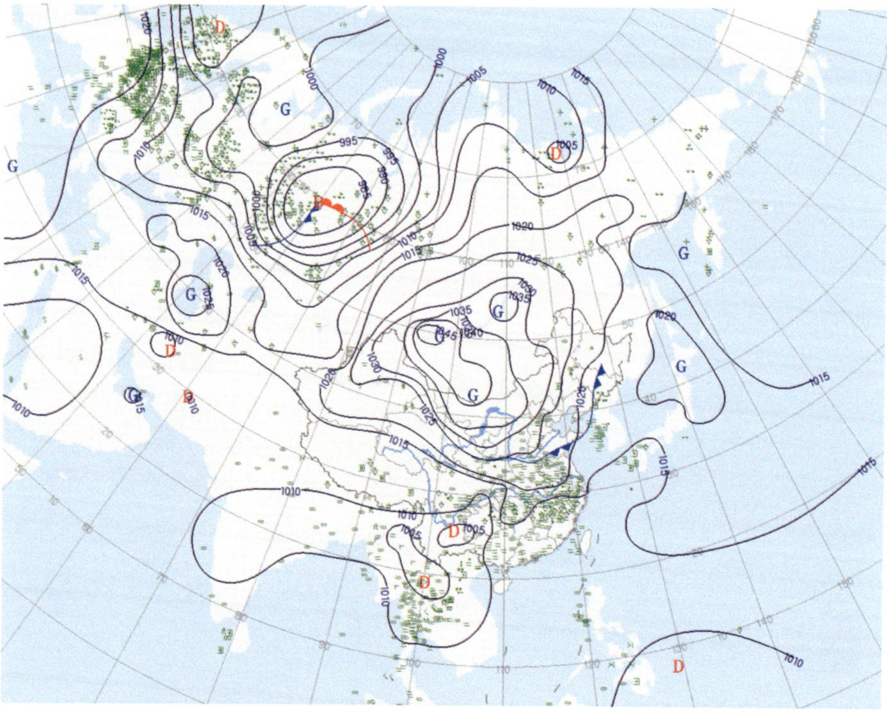

5.1.5 气象卫星监测图

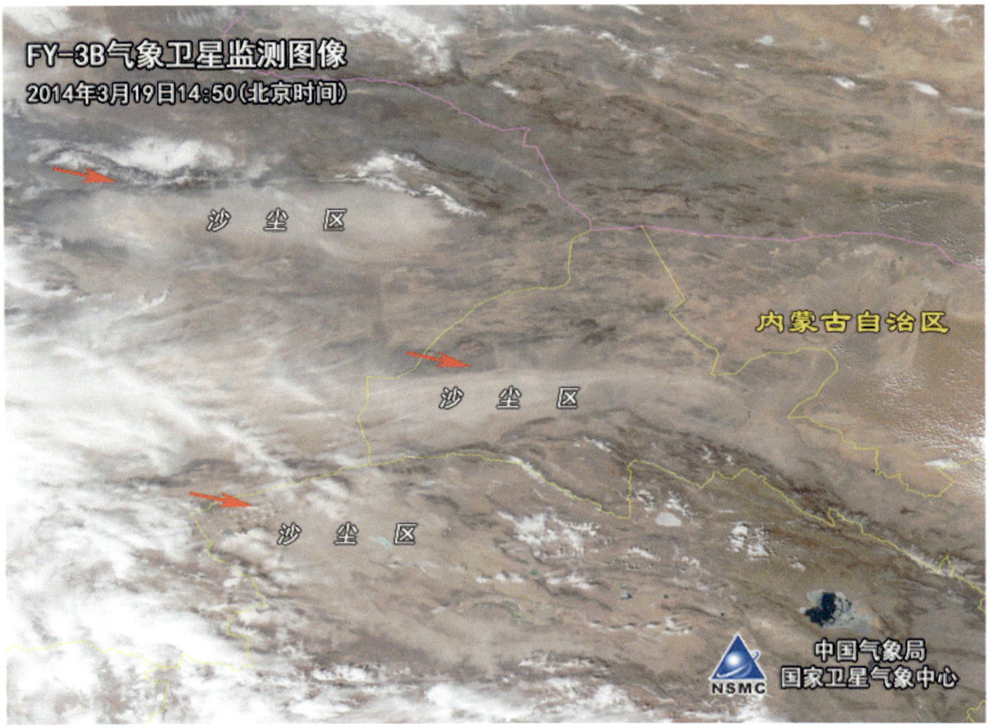

5.2 3 月 26—27 日扬沙天气过程

5.2.1 沙尘天气过程描述

起止时间	3 月 26—27 日
类 型	扬沙天气过程
最大风速（单位：m/s）及出现地点	14 内蒙古：满都拉
最小能见度（单位：km）及出现地点	0.5 内蒙古：吉兰太
沙尘路径	偏北路径型
沙尘暴范围	甘肃中部、内蒙古西部局部地区
强沙尘暴地点	/
影响系统	地面低压、冷锋

5.2.2 沙尘天气范围图

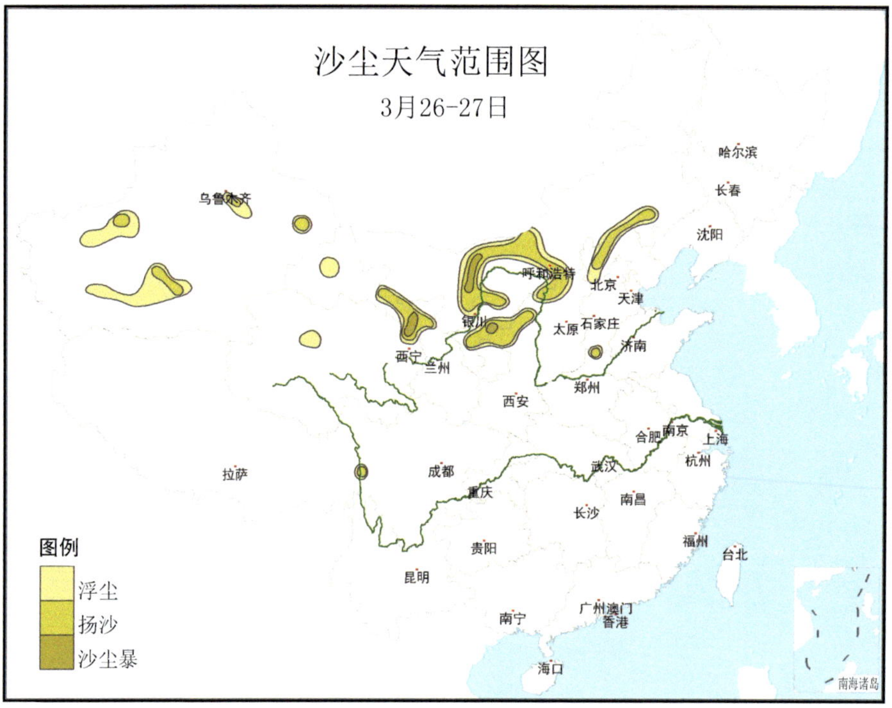

5.2.3 3月27日08时500 hPa环流形势图

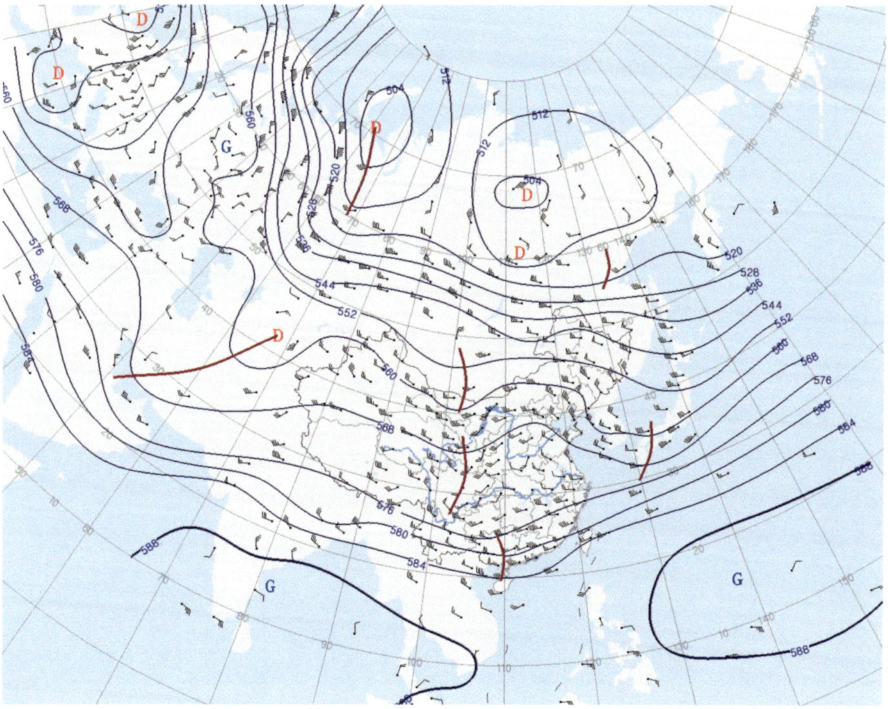

5.2.4 3月27日08时地面天气图

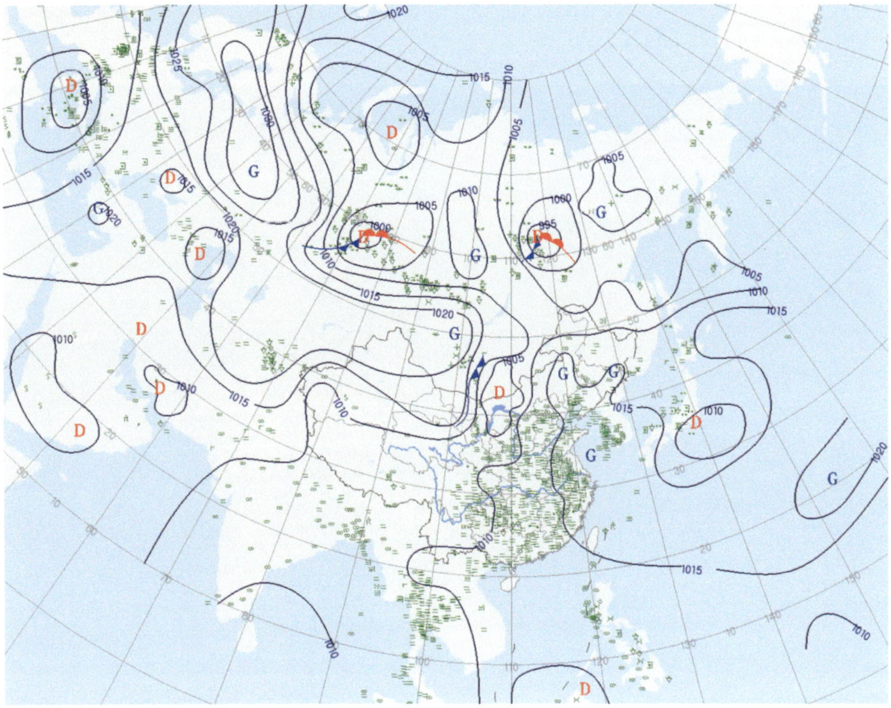

5.2.5 气象卫星监测图

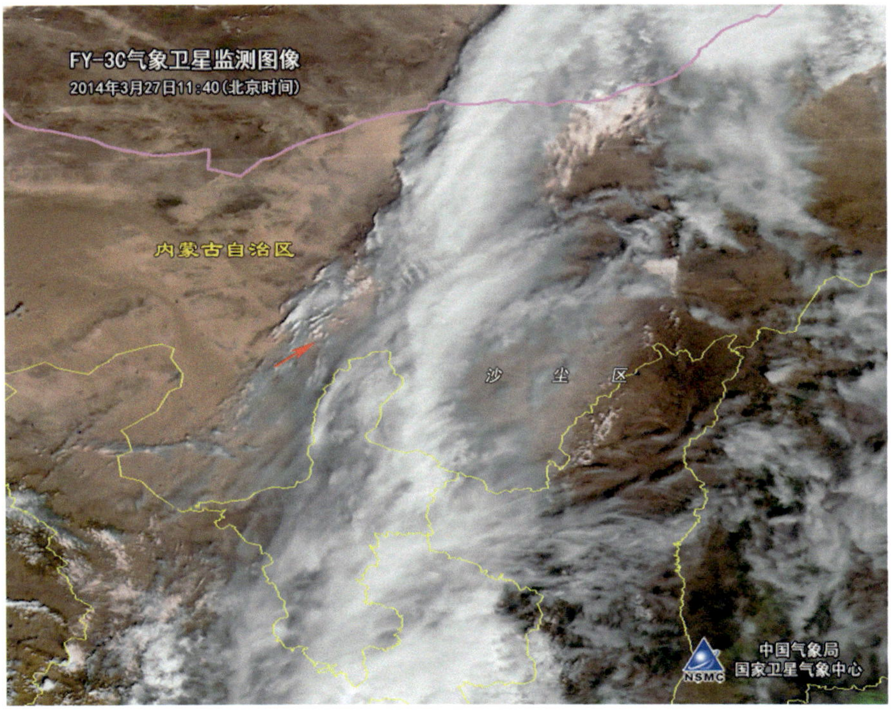

5.3 4月2—3日扬沙天气过程

5.3.1 沙尘天气过程描述

起止时间	4月2—3日
类　型	扬沙天气过程
最大风速（单位：m/s） 及出现地点	14 内蒙古：拐子湖
最小能见度（单位：km） 及出现地点	0.3 内蒙古：拐子湖
沙尘路径	偏西路径型
沙尘暴范围	新疆东部、内蒙古西部局部地区
强沙尘暴地点	内蒙古：拐子湖
影响系统	地面高压

5.3.2 沙尘天气范围图

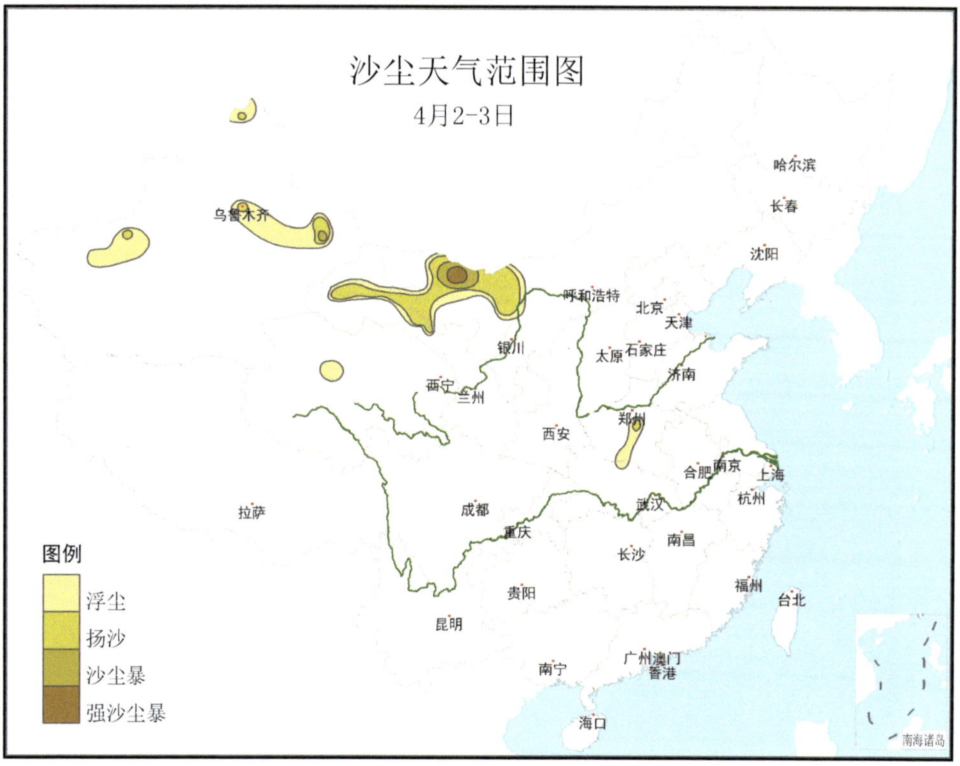

5.3.3 4 月 3 日 08 时 500 hPa 环流形势图

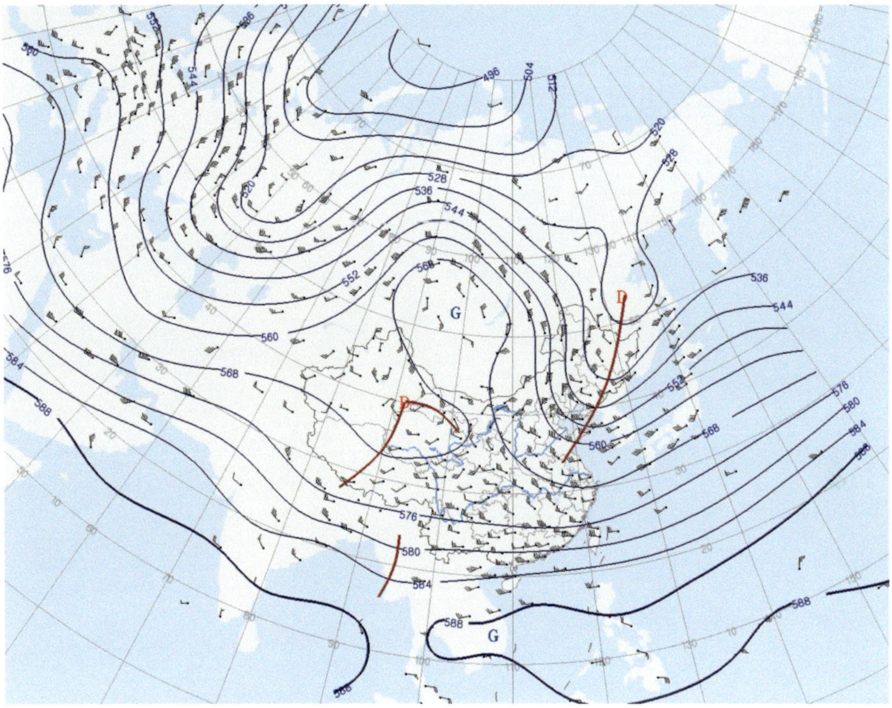

5.3.4 4 月 3 日 08 时地面天气图

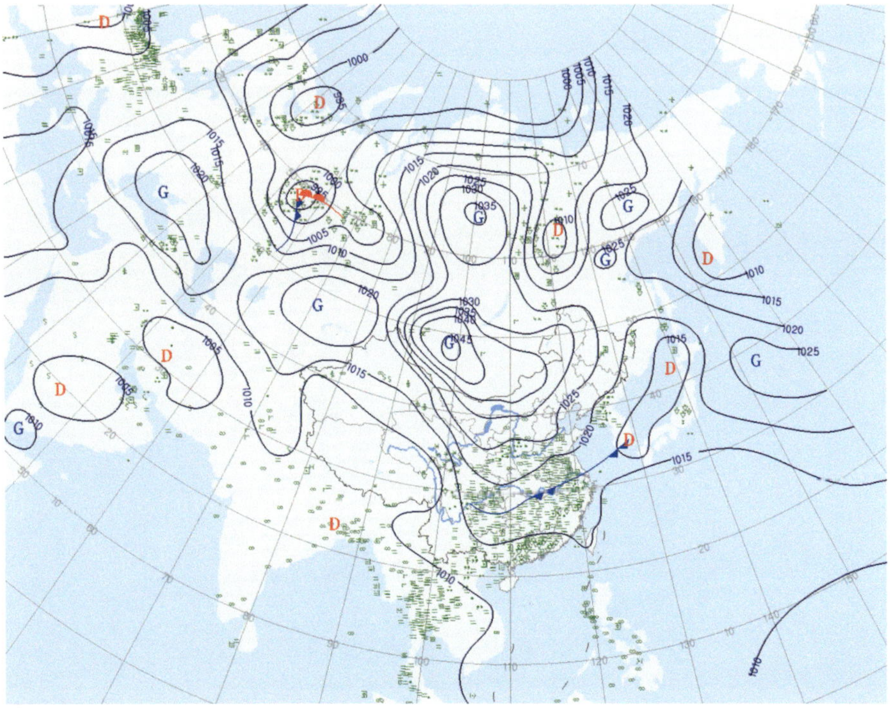

5.3.5 气象卫星监测图

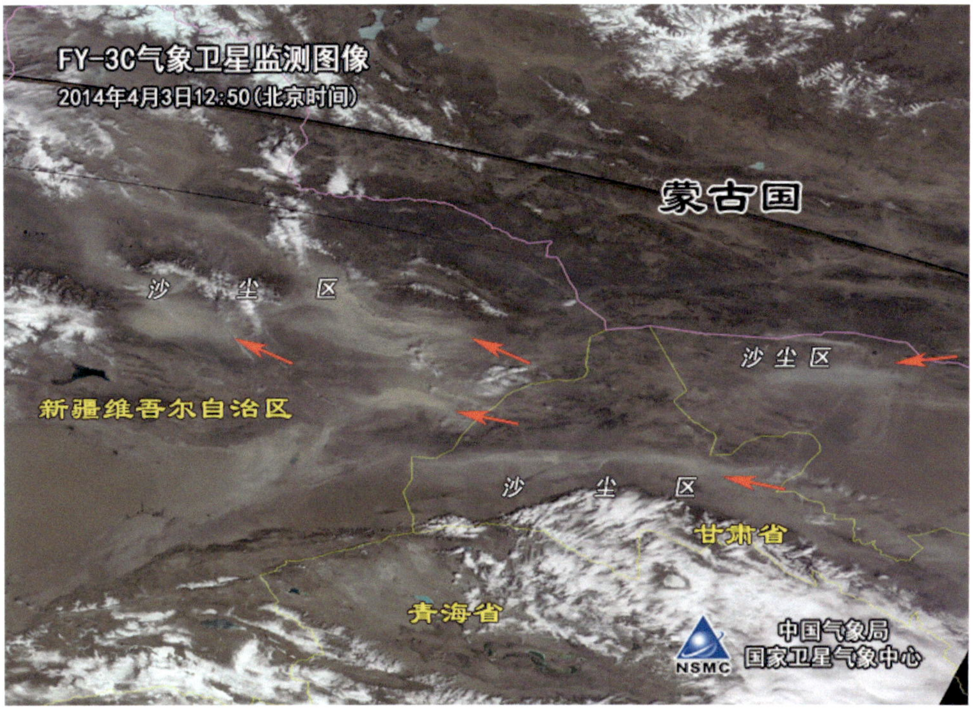

5.4 4月23－24日强沙尘暴天气过程

5.4.1 沙尘天气过程描述

起止时间	4月23－24日
类　型	强沙尘暴天气过程
最大风速（单位：m/s）及出现地点	16 甘肃：红柳河
最小能见度（单位：km）及出现地点	0.1 新疆：皮山、若羌；甘肃：敦煌
沙尘路径	偏西路径型
沙尘暴范围	新疆南疆盆地中东部、青海西北部、甘肃中西部、内蒙古中西部、宁夏北部等地
强沙尘暴范围	新疆南疆盆地东部、甘肃西部、青海西部等地
影响系统	地面高压、冷锋

5.4.2 沙尘天气范围图

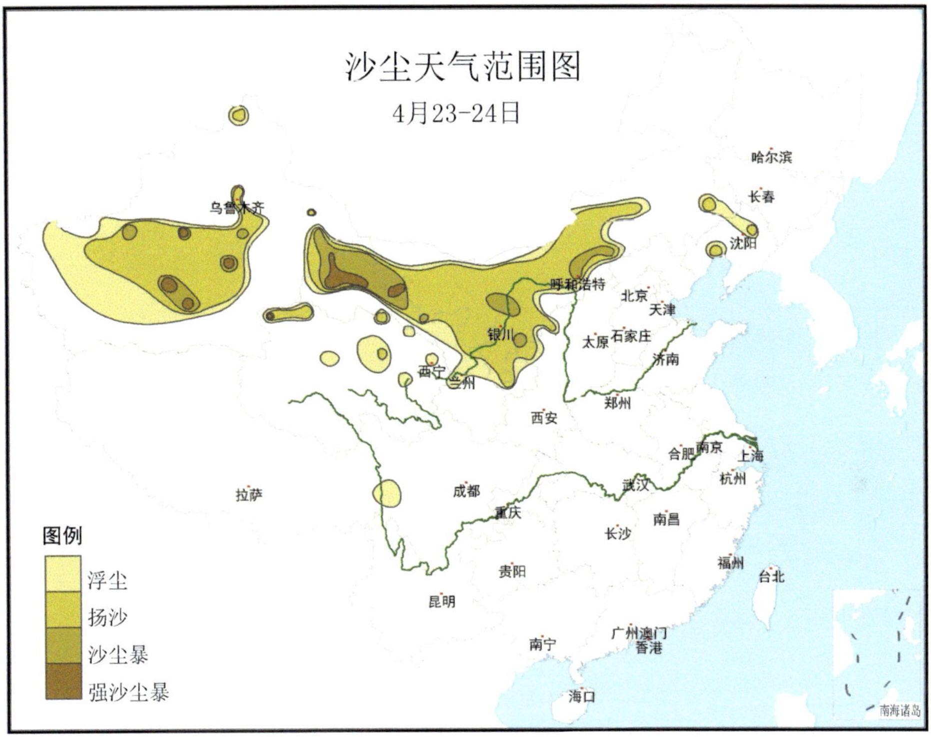

5.4.3 4月24日08时500 hPa环流形势图

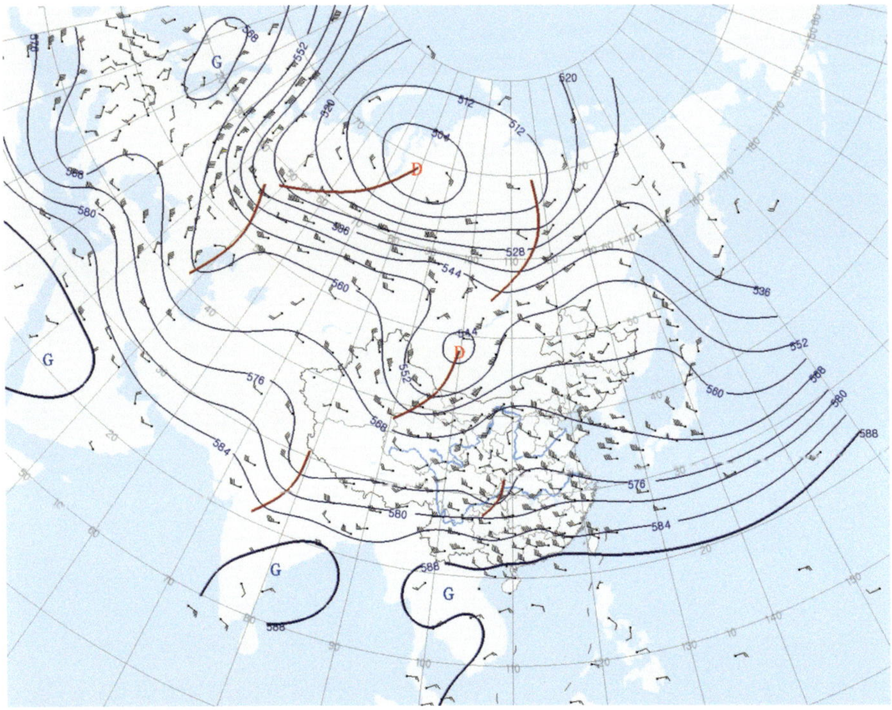

5.4.4 4月24日08时地面天气图

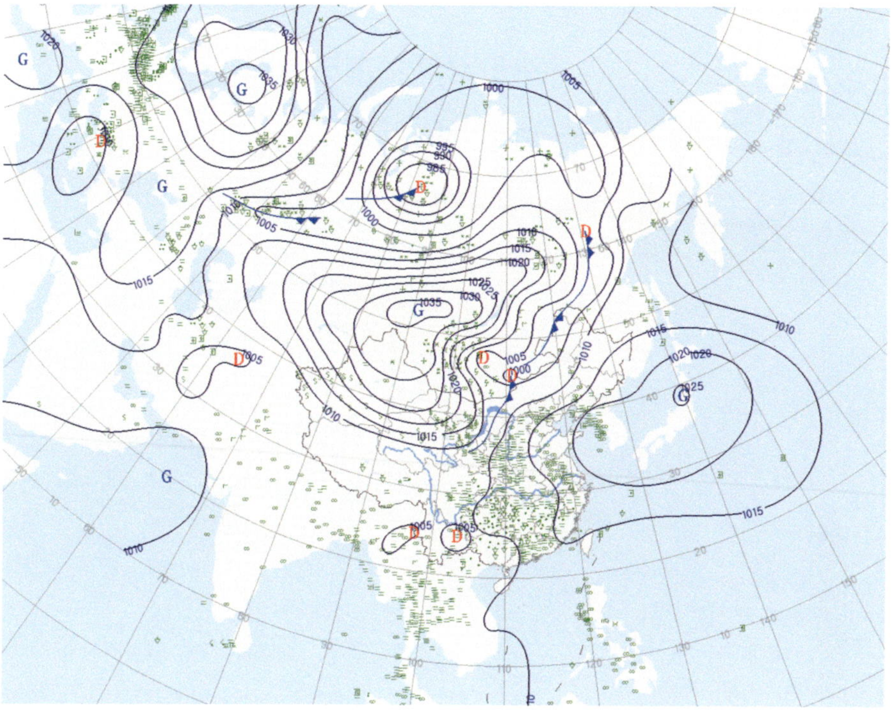

5.4.5 气象卫星监测图

5.5 4 月 29 日—5 月 1 日扬沙天气过程

5.5.1 沙尘天气过程描述

起止时间	4 月 29 日—5 月 1 日
类　型	扬沙天气过程
最大风速（单位：m/s）及出现地点	20 青海：茫崖
最小能见度（单位：km）及出现地点	0.1 青海：茫崖
沙尘路径	偏西路径型
沙尘暴范围	新疆南疆盆地北部、青海西北部、甘肃西部等地
强沙尘暴地点	青海：茫崖；内蒙古：吉兰太
影响系统	地面冷锋

5.5.2 沙尘天气范围图

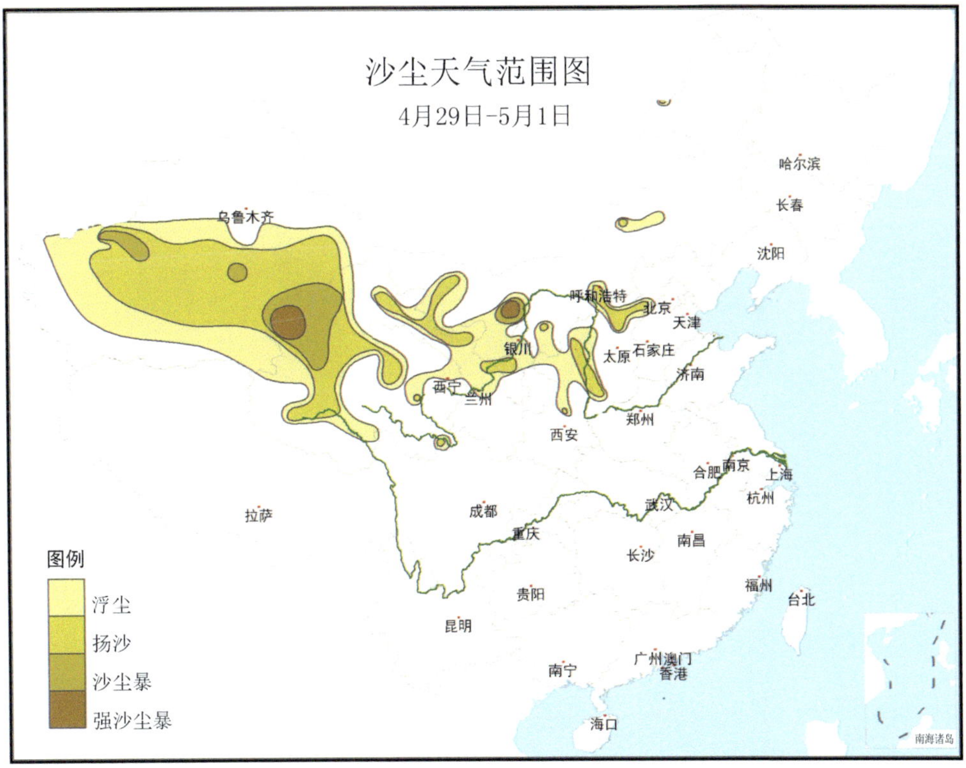

5.5.3 4月30日20时500 hPa环流形势图

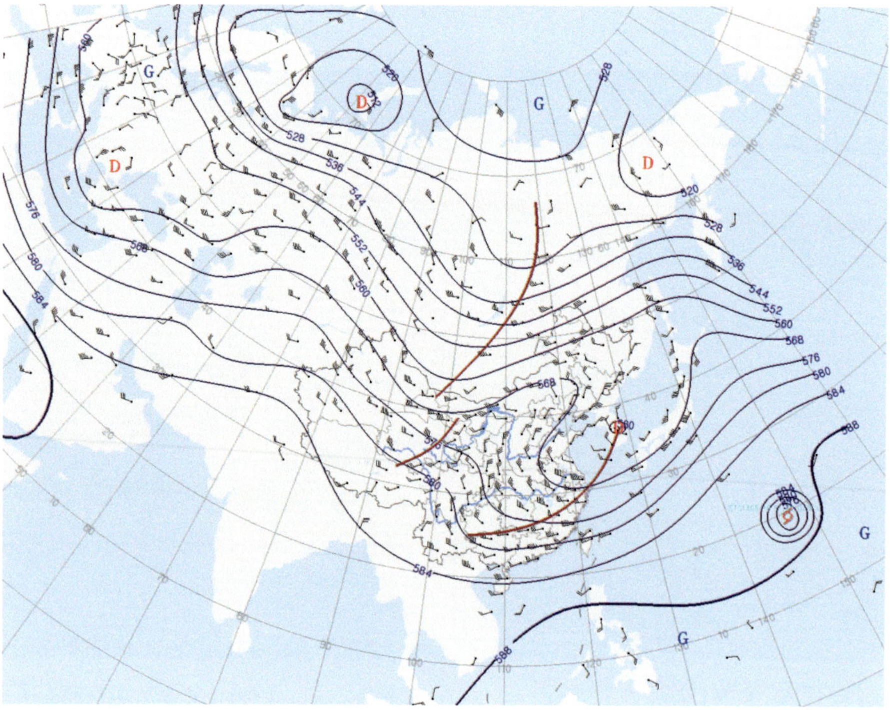

5.5.4 4月30日20时地面天气图

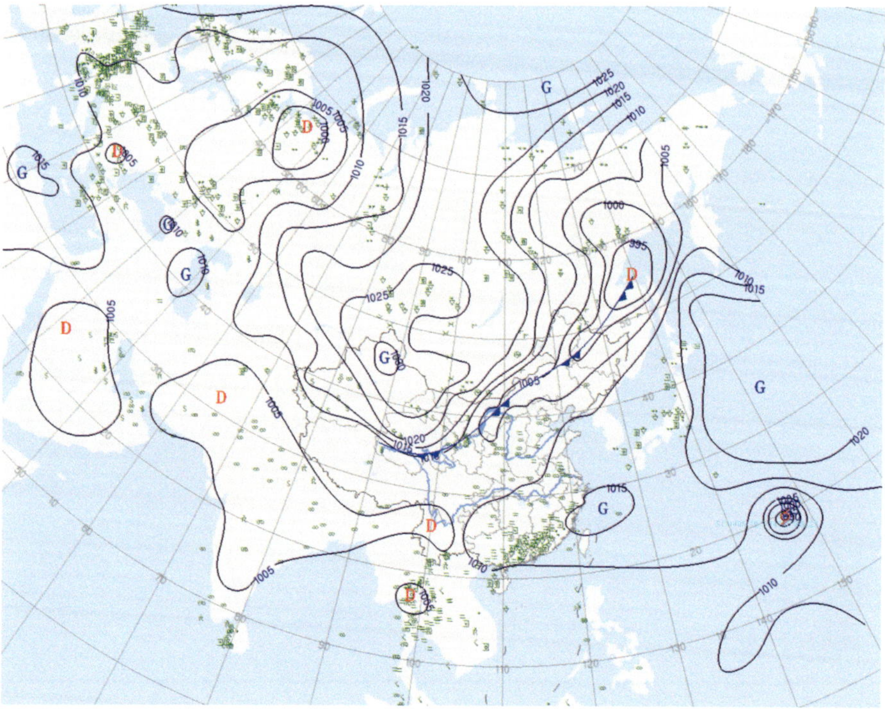

5.5.5 气象卫星监测图

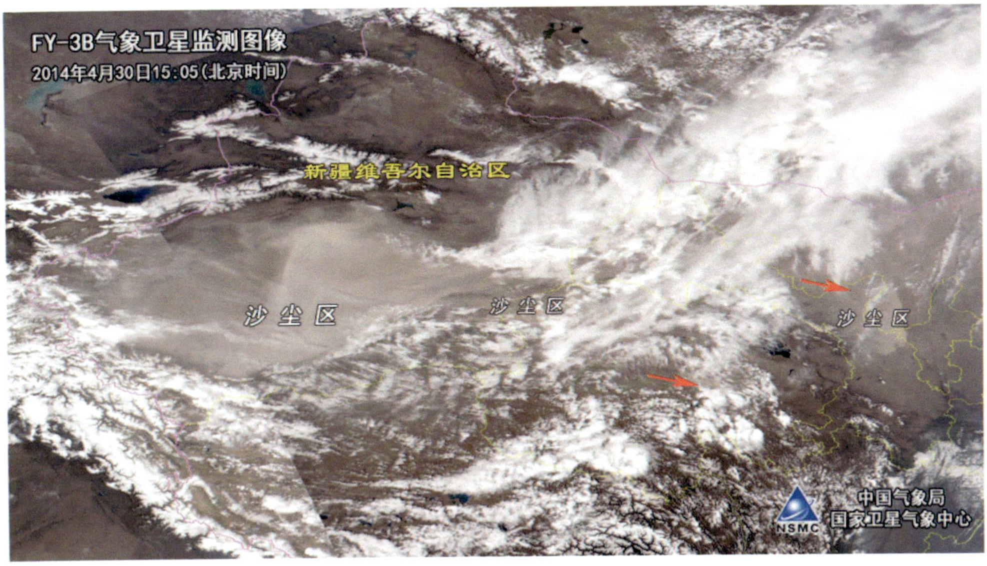

5.6 5月8-9日沙尘暴天气过程

5.6.1 沙尘天气过程描述

起止时间	5月8—9日
类　型	沙尘暴天气过程
最大风速（单位：m/s）及出现地点	17 内蒙古：海力素
最小能见度（单位：km）及出现地点	0.2 内蒙古：巴音毛道
沙尘路径	西北路径型
沙尘暴范围	新疆南疆盆地中部、青海西北部、甘肃中部、内蒙古西部等地的部分地区
强沙尘暴地点	新疆：塔中；内蒙古：巴音毛道
影响系统	地面低压、冷锋

5.6.2 沙尘天气范围图

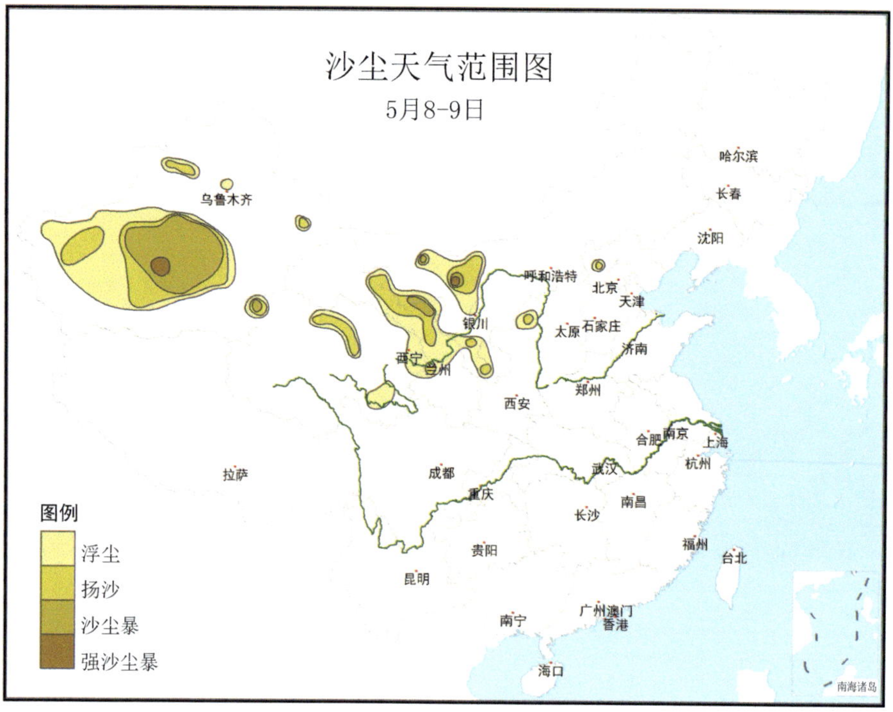

5.6.3 5月9日08时500 hPa环流形势图

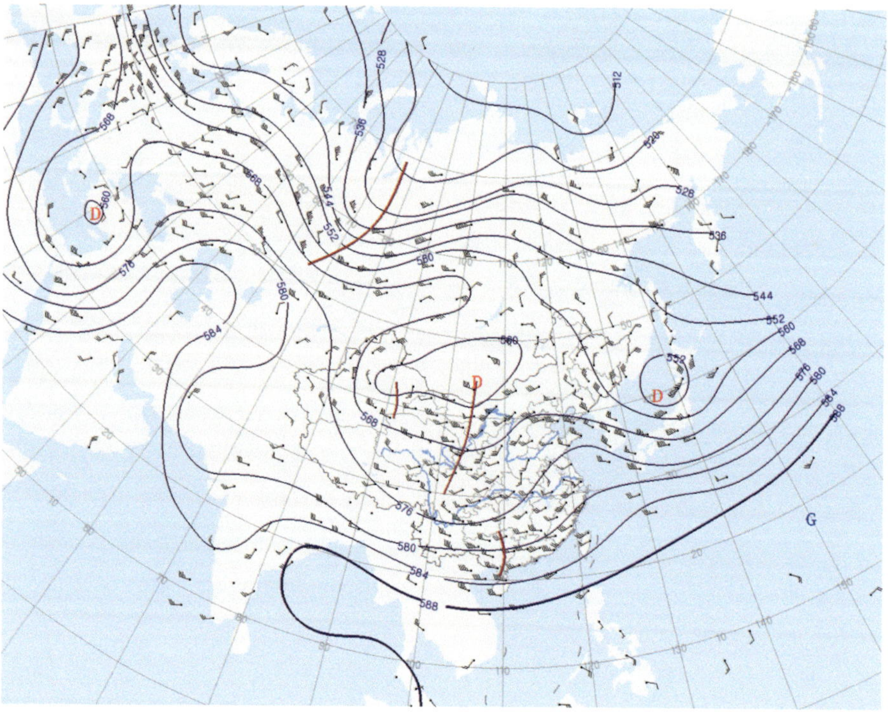

5.6.4 5 月 9 日 08 时地面天气图

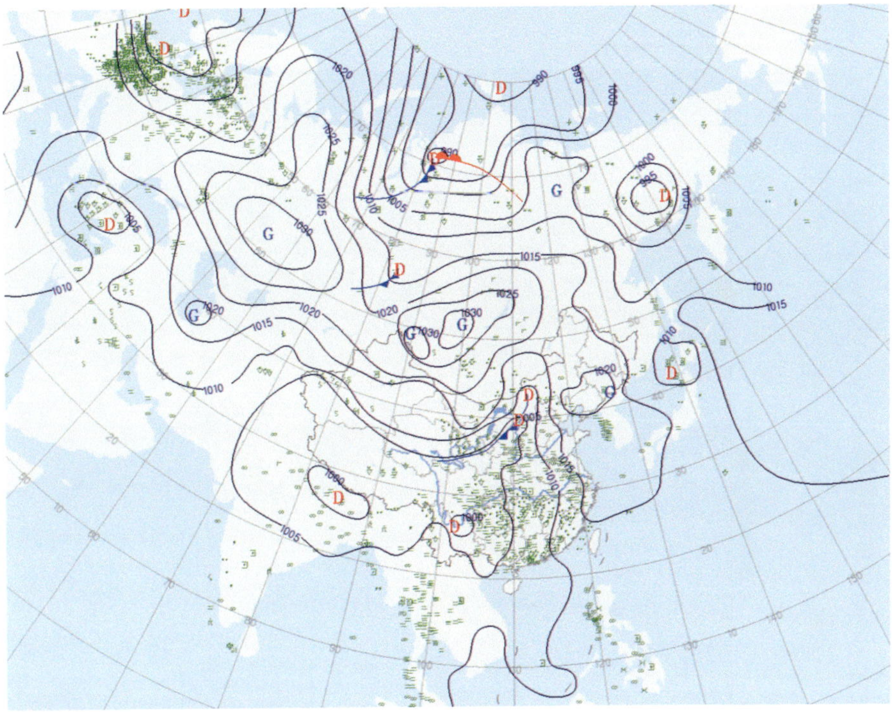

5.6.5 气象卫星监测图

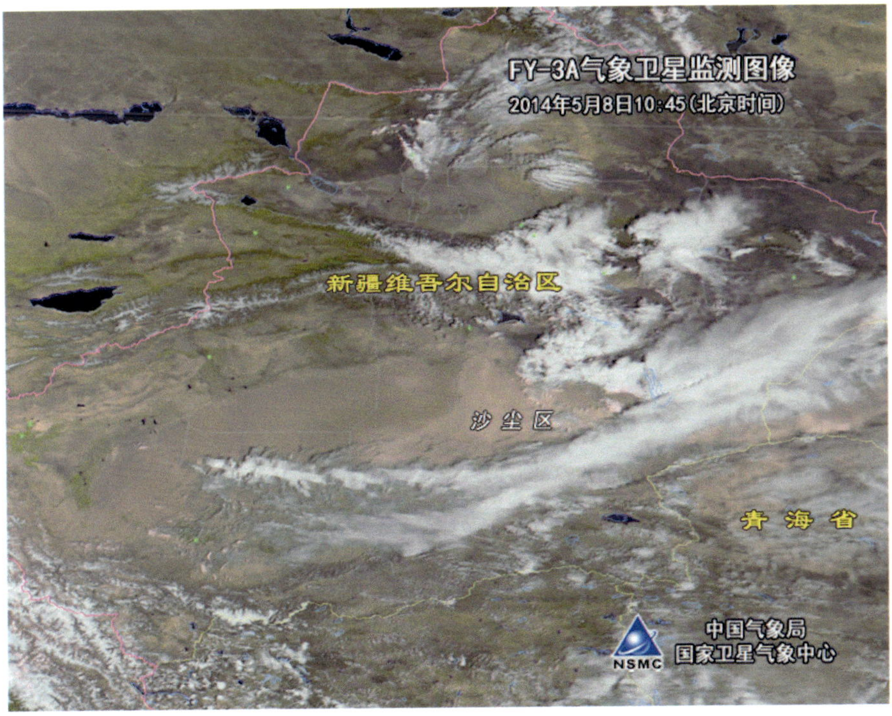

5.7 5月22—25日强沙尘暴天气过程

5.7.1 沙尘天气过程描述

起止时间	5月22—25日
类　型	强沙尘暴天气过程
最大风速（单位：m/s） 及出现地点	15 内蒙古：拐子湖、海力素
最小能见度（单位：km） 及出现地点	0.2 新疆：和田
沙尘路径	西北路径型
沙尘暴范围	新疆南疆盆地中西部、青海西北部、甘肃西部、内蒙古西部等地的部分地区
强沙尘暴地点	新疆：和田、于田、民丰；甘肃：玉门
影响系统	地面高压、冷锋

5.7.2 沙尘天气范围图

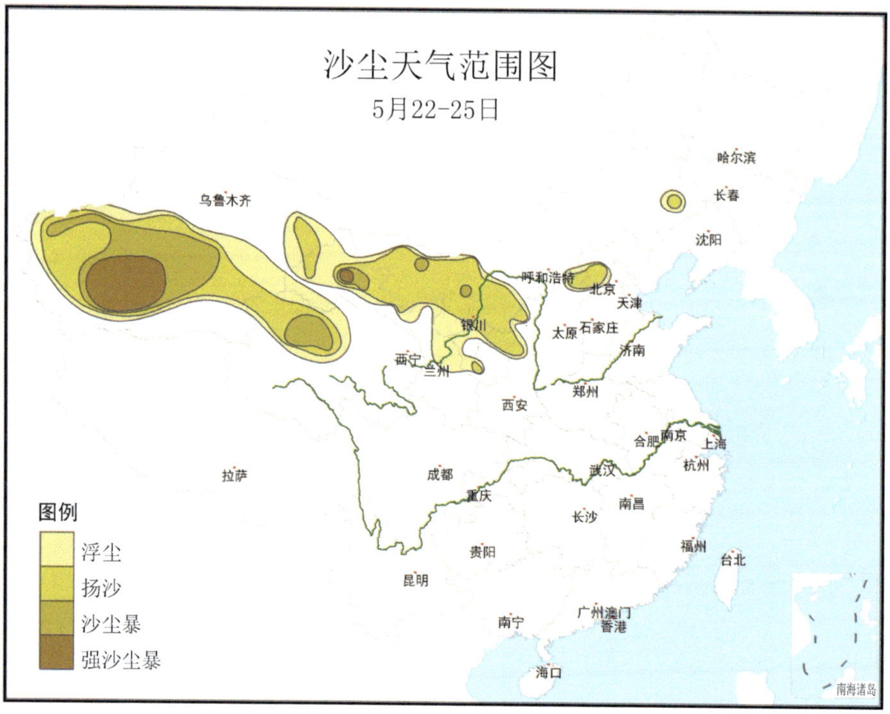